APPRÉCIATION

ET

EMPLOI DES FOURRAGES

BORDEAUX. — IMP. DE P. DEGRÉTEAU ET Cⁱᵉ

Rue du Pas Saint Georges, 28.

INSTRUCTION SIMPLIFIÉE

POUR L'APPRÉCIATION ET L'EMPLOI

DES FOURRAGES

PROPRES AUX HERBIVORES

Précédée d'une démonstration

DE L'UTILITÉ THÉORIQUE ET PRATIQUE DES PRÉS

SUIVIE DE LA THÉORIE DE L'IRRIGATION

AVEC DES APPLICATIONS

PRINCIPALEMENT AU DÉPARTEMENT DE LA GIRONDE

ET À LA RÉGION DU SUD-OUEST

> « Une connaissance certaine de la valeur
> » nutritive des aliments consommés par le
> » bétail, peut offrir des avantages réels à la
> » spéculation agricole. »
> (M. J.-B. Boussingault, *Économie
> rurale*, etc., t. II, p. 593.)

<table>
<tr><td>

PARIS

CHEZ J. ROTHSCHILD

LIBRAIRE-ÉDITEUR

Rue Saint-André-des-Arts, 43.

</td><td>

BORDEAUX

CHEZ CODERC, DEGRÉTEAU ET POUJOL

(Maison LAFARGUE)

Rue du Pas Saint-Georges, 28

</td></tr>
</table>

1866

qu'un nombre de matériaux bien restreints, bien simples et toujours les mêmes.

Dans le règne végétal : le *carbone*, l'*hydrogène*, l'*oxigène* et quelquefois l'*azote*.

Dans le règne animal : le *carbone*, l'*hydrogène*, l'*oxigène* et constamment l'*azote*.

Le premier de ces règnes a la propriété de puiser directement dans la terre, dans l'eau et dans l'air les éléments de sa constitution.

Le second est forcé de les emprunter au premier.

D'où, pour celui-ci, un assujettissement tel, qu'il n'a pu s'établir sur la terre qu'après que les végétaux s'y étaient amplement développés. « On peut se figurer, dit M. J. Liebig, une végétation riche et abondante se développant sans le concours de la vie animale ; mais l'existence des animaux n'est pas aussi indépendante : elle tient au contraire essentiellement à la présence et à l'accroissement des plantes. Celles-ci fournissent à l'économie animale non-seulement ses moyens de nutrition et de reproduction ; non-seulement elles éloignent de l'atmosphère les principes insalubres qui pourraient mettre en péril la vie des animaux, mais aussi ce sont elles qui élaborent les aliments nécessaires à la première fonction vitale, à la respiration (1). »

D'où ce témoignage des livres saints qui mentionnent la création des plantes, au troisième jour : « Dieu dit encore : Que la terre produise de l'herbe verte qui porte de la graine ! » (*Genèse*, ch. I, v. 11.) Et la création des

_____

(1) *Chimie organique*, p. 22.

animaux terrestres, au sixième. Dieu dit encore : « Que la terre produise des animaux vivants, chacun selon son espèce, les animaux domestiques!.... » (*Id.*, v. 24.)

D'où enfin, ces autres paroles de Dieu, à l'homme et à la femme qu'il venait de créer : « Je vous ai donné toutes les herbes qui portent leurs graines... afin *qu'elles* vous servent de nourriture ! » (*Id.*, v. 29.)

Cependant l'homme et tous les animaux dits carnivores, ne vivent pas d'herbe, ne peuvent pas et ne sont pas organisés pour en vivre.

Mais s'il en est ainsi d'une manière rigoureuse et si, directement, l'herbe n'est pas la matière qu'ils consomment ; indirectement au contraire telle est la base la plus générale, la plus abondante et la plus sûre de leur alimentation ; car les animaux auxquels ils l'empruntent principalement, cette alimentation, bœufs, moutons, porcs, etc., ont été nourris et engraissés avec de l'herbe.

Destinés à puiser directement dans une source qui ne saurait nous être accessible de la même manière, ils ont reçu de la nature, indépendamment des organes spéciaux pour cela, dents, estomac, intestins, etc., un pouvoir de développement très-rapide, eu égard au temps employé ; un pouvoir d'engraissement également très-grand, et la faculté pour certains, comme la vache, de fournir quotidiennement une matière alimentaire aussi recherchée et aussi utile que le lait.

Ils ont été encore disposés de telle sorte, que l'existence que nous sommes forcés de leur accorder, loin de nous induire à dommage, devient pour nous, au contraire, une nouvelle occasion d'avantages. Ainsi se passent les choses, surtout par rapport au bœuf, cet auxiliaire indispensable des travaux rustiques. C'est dans l'herbe qu'il puise la force que nous utilisons, les engrais dont nous enrichissons nos terres, la chair et la graisse dont nous nous nourrissons. Aussi, est-il vrai de dire, avec Buffon, qu'aujourd'hui comme autrefois, le bœuf est la base de l'opulence des états, qui ne peuvent se soutenir et fleurir que par la culture des terres et par l'abondance du bétail.

Ils ont été disposés de telle sorte qu'il n'y a à intervenir, dans leur alimentation, que pour la leur faire rencontrer; pour leur en assurer le libre accès, la paisible possession. Et encore de telle sorte qu'ils peuvent aller la chercher fort loin, dans des lieux et des situations où, bien souvent sans eux, sans leurs aptitudes spéciales, elle serait restée inutile. Ainsi, à tous ces points de vue, se trouvent disposés les moutons, les chèvres, en un mot, les animaux désignés sous le nom collectif de troupeaux, et servant, comme le dit un auteur ancien, à nourrir des nations entières qui manquent de blé. D'où, ajoute-t-il encore, presque tous les peuples nomades, et les Grecs eux-mêmes, sont appelés *buveurs de lait* (1).

Enfin, ils ont été disposés de telle sorte que, pour d'autres espèces encore, comme le porc, il leur est possible d'utiliser la matière, principalement végétale, dans un état où nul autre ne l'accepterait, où elle cesserait d'être utile, où elle pourrait même devenir dangereuse; de s'en nourrir avantageusement, et pour eux-mêmes, et pour nous, et par rapport aux produits que nous en attendons. « Toute l'espérance des pourceaux, dit Olivier de Serres, gist en la chair et au fumier, plus grand profit

______

(1) Columelle : *L'Économie rurale.*

tirant de *leur* nourriture, que plus corpulent est le bétail. »

Lors donc que nous faisons nous-mêmes, de ces animaux, notre nourriture principale, que nous leur demandons des substances qu'ils ont d'abord empruntées à l'herbe, en réalité cette herbe nous nourrit et nous nous nourrissons de cette herbe.

Les résultats sont encore identiques, quoique la déduction s'étende davantage, quand nous exigeons de ces mêmes animaux des engrais pour nos terres; c'est-à-dire encore la matière de l'herbe, modifiée par leurs organes digestifs, au point de se décomposer dans la terre, d'être absorbée par les plantes cultivées, et de former principalement le blé avec lequel nous faisons le pain.

Ainsi l'herbe est bien la condition essentielle, directe ou indirecte, de l'existence du plus grand nombre d'animaux, et particulièrement de celle de l'homme, et c'est encore une bien grande et bien profonde vérité qu'a proclamée le prophète Isaïe, quand il s'est écrié : « Toute chair n'est que de l'herbe ! (*Omnis caro fœnum.*) »

Dès-lors, on s'explique pourquoi l'herbe est si abondante dans la nature; pourquoi, partout et toujours, la terre tend à se couvrir d'herbe. Cette tendance universelle et permanente ne variant dans sa forme, dans ses modes d'accomplissement, qu'en vertu de la nature du climat et de celle du sol.

Ce qui favorise surtout l'abondance et le grand développement de l'herbe proprement dite, c'est la chaleur jointe à l'humidité, la chaleur humide. C'est l'état atmosphérique que nous avons, dans nos contrées principalement, à deux époques de l'année : au printemps et à l'automne.

Au moment précisément où nous obtenons de nos prairies naturelles du foin, au moment encore où nous en obtenons du regain.

Dans les contrées septentrionales de l'Europe, un long hiver suspend, il est vrai, la végétation des prairies; mais le reste de l'année leur assurant cette chaleur humide, pendant cette seconde période, elles végètent avec force; et voilà pourquoi ces contrées sont particulièrement riches en pâturages, possèdent des troupeaux nombreux et des races d'animaux susceptibles d'un grand développement.

Dans les contrées méridionales, au contraire, et plus particulièrement en Afrique, c'est l'excès, la prédominance de la chaleur, qui arrête la végétation des prairies pendant le printemps, l'été et l'automne. Mais aussi, l'hiver ramenant pour ces contrées la condition harmonieuse de chaleur et d'humidité, on voit alors la terre offrir une riche et luxuriante verdure.

Dans des pays qui doivent à leur position et à des circonstances particulières, telles surtout que le voisinage de la mer, l'avantage de relations, entre la chaleur et l'humidité, presque constamment favorables aux herbages, ceux-ci s'y maintiennent en permanence. Telles sont la Hollande, la Normandie, la Bretagne, et de l'autre côté du détroit, ce que l'on a poétiquement nommé la *verte* Irlande.

Enfin, on comprendra facilement tout ce que peut avoir de décisif et de fécond, en cette matière, l'intervention de l'industrie de l'homme; quand il est donné à celle-ci d'agir directement sur une des grandes causes déterminantes de la production fourragère; d'ajouter, par exemple, par l'irrigation, beaucoup d'humidité à beaucoup de chaleur. Telle est en particulier l'explication de la grande richesse agricole de la Lombardie. « Dans cette province, dit un auteur spécial, les canaux, sans compter les importants services qu'ils rendent à la navigation et aux usines, créent annuellement, par le seul fait des arrosages, une valeur de plus de trente-sept millions de francs (1). »

La terre, de son côté, par rapport à sa composition intime, et beaucoup aussi par rapport aux circonstances qui peuvent, toutes choses égales d'ailleurs, lui assurer plus ou moins d'humidité, exerce sur la production herbagère une grande influence.

C'est ainsi qu'au milieu de contrées généralement peu favorisées, par rapport à cette production, on rencontre souvent les plus heureuses exceptions. C'est ainsi encore qu'ailleurs il est d'autres exceptions toutes contraires; il est des étendues de pays souvent considérables, sur lesquelles l'action combinée de la chaleur et de l'humidité du lieu reste sans effet pour la production de l'herbe. Telle est la position des bruyères de la Belgique, de la Westphalie, du Jutland; telle est aussi, et par rapport aux époques de l'année où ces contrées pourraient se montrer herbeuses, celle des landes de Bretagne et des landes de Bordeaux.

Dans ces pays exceptionnels, l'herbe se produit sans doute, mais non pas avec l'abondance, l'ampleur et la régularité qu'elle offre sur les terres voisines. En outre, des plantes ligneuses de dimensions plus ou moins considérables, lui disputent la place et deviennent elles-mêmes

---

(1) M. Nadaud de Buffon : *Traité des irrigations*, t. I, p. 129.

dominantes. Ainsi, dans nos landes, la bruyère, l'ajonc et surtout le pin.

A propos de ces tendances bien distinctes de certaines terres, soit pour les herbages, soit pour les forêts, M. de Gasparin a écrit les lignes suivantes : « La géographie des plantes présente ici un problème qui a besoin d'être résolu. Quelle est la cause qui fait que d'immenses surfaces ne sont couvertes que de plantes herbacées, comme on le voit en Amérique, dans les Pampas du Paraguay (1), dans les llanos de la Bolivie (2), dans les prairies des États-Unis; en Asie, dans les Steppes de cette partie du monde (3); tandis qu'ailleurs ce sont les végétaux ligneux qui forment des forêts dans les lieux non cultivés (4) ? »

Selon l'illustre agronome, le phénomène s'expliquerait ainsi : les arbres ne pourraient vivre là où leurs racines ne trouveraient pas assez d'humidité pour entretenir cette vie durant toute l'année, pour prévenir une interruption capable de dessécher leurs bourgeons. Au contraire, les herbes, telles que les graminées surtout, ne craindraient pas un dessèchement, une mort apparente que nous leur

---

(1) Espaces immenses, généralement dépourvus de cours d'eau, couverts de pâturages, et nourrissant des troupeaux nombreux de bestiaux redevenus sauvages. Le climat y est chaud, humide et si malsain, que les hommes y atteignent rarement l'âge de cinquante ans.

(2) Du mot espagnol *plaine*... Dispositions semblables à celles des Pampas.

(3) Du mot allemand *landes*. Plaines immenses, remarquables par l'abondance et la taille de leur végétation herbacée, et dont se nourrissent de nombreux troupeaux de moutons, les chevaux des Tatas et les chameaux des Nogaïs.

(4) *Cours d'Agriculture*, t. IV, p. 361.

voyons subir, même dans nos prairies pendant l'été, à cause de la propriété qu'elles ont de repousser plus tard de leurs souches.

Non-seulement l'homme pourrait s'en rapporter à la nature du soin de lui fournir des prairies, comme il le faisait, ainsi que nous allons le voir, dès le début de l'agriculture, et comme il le fait encore dans certaines contrées ; mais aussi il peut arriver et il arrive quelquefois, qu'ayant à les former lui-même, il se contente de leur préparer la terre, laissant à cette nature le soin d'y répandre des graines, de les assortir et d'assurer leur développement (1).

Quelle que soit, au surplus, sa manière d'agir en cette occurence, cette même nature a toujours une large part dans l'œuvre dont il s'agit, et, sans doute, c'est là aussi une des raisons pour lesquelles on se sert pour désigner les herbages permanents, ou prairies pérennes, du nom bien connu de *prairies naturelles*.

Ces prairies sont toujours *polyphytes*, c'est-à-dire composées d'espèces diverses au point de vue de leurs manières de croître, de leurs propriétés, de leurs produits, de leur valeur. Elles le sont nécessairement quand la nature seule les a formées ; elles le sont encore, ou le deviennent promptement, même quand l'art s'est appliqué à n'em-

---

(1) Nous avons un exemple remarquable de ce fait, dans ce qui résulte de l'assolement suivi en Bas-Médoc. Après un certain nombre d'années consacrées à la culture alternative et sans engrais du froment et des fèves, la terre, abandonnée à elle-même, se transforme immédiatement en prairie naturelle. Elle se couvre d'excellentes graminées et de légumineuses, parmi lesquelles domine le Trèfle maritime (*Trifolium maritimum*).

2

AVIS

Nous devons placer ici une observation, relativement aux
divisions de notre travail, dépourvues quelquefois de l'ordre
rigoureux que nous eussions désiré y voir régner. Ce fait, qui
tient au mode et à la lenteur de l'impression, perdra en partie de
son importance par la table méthodique qui termine l'ouvrage.

LES PRAIRIES NATURELLES

ou PRÉS

I

LEUR UTILITÉ THÉORIQUE ET PRATIQUE.

> « Les Anciens ont donné aux prés le nom
> « de *Prata*, comme qui dirait *Parata*, parce
> « qu'ils sont toujours prêts à rapporter, sans
> « exiger de grands soins. »
>
> (VARRON , ch. VII.)

Considéré dans son ensemble, le monde auquel nous appartenons nous offre la matière dont il est formé sous deux états bien distincts :

1° A l'état inorganisée, ou inanimée ;

2° A l'état organisée, ou animée.

Sous ce premier état, la matière forme tout ce qui n'a pas de vie, tout ce qui n'est pas un être : la terre, l'eau, l'air, etc...

Sous le second, elle forme au contraire tout ce qui a vie, tout ce qui constitue un être : elle forme les végétaux et les animaux.

Pour ce dernier emploi, le plus compliqué sans nul doute, celui qui semblerait exiger de sa part plus de puissance et plus d'efforts, la nature n'emploie cependant

ployer que des graines choisies , qu'à les former d'un petit nombre d'espèces. Pour varier leur composition , la nature dispose d'une foule de moyens : les vents , les pluies , les animaux sont les répartiteurs de ses graines , sans compter la grande et puissante loi d'alternance , aussi bien observée dans les prairies et forêts que dans nos cultures.

Les moyens employés par l'agriculture, pour s'assurer l'herbe, base essentielle de ses opérations, selon les temps et les lieux , ont marqué , dans les développements successifs de cette agriculture, au moins trois époques bien distinctes.

La première de ces époques est celle où l'herbe spontanée était employée à la nourriture de nombreux troupeaux, fournissant à leur tour de quoi nourrir et vêtir leurs maîtres.

Cette agriculture tout-à-fait primitive est dite *nomade*, à cause des déplacements continuels qu'elle exige ; *pastorale*, puisqu'elle a les pâturages pour base; *patriarcale*, parce qu'elle était celle des patriarches des livres saints. Quand les enfants de Jacob furent poussés en Egypte par une affreuse famine, Pharaon leur dit : Quelle est votre occupation ? et ils répondirent : « Tes serviteurs sont bergers , comme l'ont été nos pères (1) ».

La seconde époque est celle où le cultivateur se voit contraint de faire lui-même les prairies dont vivront ses troupeaux : soit en y paissant directement, et alors ce sont

---

(1) Les landes, partout où l'industrie forestière de plus en plus avantageuse , ne les avaient pas envahies , étaient demeurées plus ou moins engagées dans cette première période : la culture y était pastorale.

des *pâturages* : soit en consommant à l'étable le foin qu'elles auront produit, et alors ce sont des *herbages* proprement dits.

La jachère ou repos bis-annuel de la terre, faisait partie de ce système. Sans compter le gain de celle-ci en se reposant, elle pouvait encore, durant ce repos, ajouter aux pâturages. C'est à ce point de progrès qu'en étaient arrivés les Romains ; c'est le système que décrit et recommande Virgile :

> Qu'un vallon moissonné dorme un an sans culture ;
> Son sein reconnaissant te paye avec usure !

Enfin la troisième époque est celle dite de l'alternat, du système alterne, ou des prairies artificielles. Ici l'herbe vient partout, toutes les terres d'une exploitation sont alternativement appelées à la produire : le cultivateur, comme le dit un auteur, ayant pour prairies ses champs de blé et pour champs de blé ses prairies.

Comme conclusions de tout ce qui précède, nous ferons deux courtes citations, en faveur de la haute, de l'indispensable valeur de l'herbe.

Avec un auteur anglais d'une grande et légitime réputation, Swift, nous dirons : « Celui qui fait croître deux brins d'herbe, où il n'en croissait qu'un, est un homme plus utile à sa patrie, que souvent tous les politiques réunis. »

Avec la Sagesse des nations, nous répéterons ce proverbe, bien connu, bien vulgaire et cependant bien vrai :

> *Veux-tu du blé ?*
> *Plante de l'herbe.*

II

COMPOSITION BOTANIQUE ET AGRICOLE DES PRAIRIES NATURELLES OU PRÉS.

« Une grande prairie, dit un ancien auteur, est réellement l'endroit du monde où la nature a montré le plus de complaisance pour l'homme. Il n'y en a point où elle ait réuni plus de beauté et de fécondité à la fois. »

En présence d'un tel spectacle, et dans le moment, surtout au printemps, où il s'offre dans toute sa variété, dans tout son éclat et dans toute sa grâce, les personnes étrangères à la botanique croient généralement à l'impossibilité de classer, de désigner et de nommer les plantes diverses qu'elles ont sous les yeux. C'est là une erreur; car ces plantes, quel que soit leur nombre, se divisent en familles naturelles; ces familles admettent des genres, et ces genres comptent des espèces, le tout parfaitement connu.

En outre, chacune de ces familles a un nom particulier. Chaque genre en a un aussi, dit nom *générique*; chaque espèce en a un, dit nom *spécifique*.

Jusqu'à l'immortel botaniste français Bernard de Jussieu, la classification des plantes s'était faite par des systèmes d'une haute valeur sans doute, comme celui, par exemple, de Linné; mais bien souvent arbitraires : ne répondant pas toujours aux indications de la nature, et moins encore aux besoins de la culture. Ce fut Jussieu qui parvint, parmi ces êtres nombreux, à créer des groupes ou familles que l'on qualifia de *naturelles*, parce qu'effectivement elles réunirent ensemble les végétaux ayant des caractères extérieurs et intérieurs semblables, et aussi, circonstance bien précieuse pour la culture, offrant des propriétés et donnant des produits anologues (1).

Dans les prés se rencontrent, d'abord comme dominantes, comme en constituant le fond, deux de ces familles, et, chose bien remarquable encore, deux des mieux établies et des plus naturelles : la famille des *Graminées* et la famille des *Légumineuses*. Citons aussi, comme y comptant des représentants souvent assez nombreux, celles des *Ombellifères* et celle des *Composées* ou *Synanthérées*. Quant à quelques autres encore, parmi lesquelles on peut comprendre les *Rosacées*, les *Plantaginées*, les *Polygonées*, etc., à moins de cas exceptionnels, leur importance n'y est jamais bien grande. Enfin, il en est encore qui, sans aller jusqu'à nuire, par leur inutilité ou leurs propriétés trop tranchées, ont cependant une valeur incontestable, en assurant au foin la saveur et les propriétés hygiéniques et médicales qu'il doit offrir. Telle est, sous ce dernier rapport, celle des *Labiées* notamment.

____

(1) Jussieu est le nom d'une famille nombreuse de savants, dont l'illustration remonte au commencement du XVIIIe siècle, et que l'on a appelée la *dynastie des botanistes*. En 1758, Bernard ayant été chargé, par Louis XV, de réunir à Trianon toutes les plantes cultivées en France, procéda à ce grand travail d'après sa méthode naturelle, et les répartit en soixante-cinq familles.

D'abord publiée par Adanson et Gérard, cette méthode fut enfin livrée au monde savant par le neveu de l'auteur, Antoine-Laurent de Jussieu. Elle fut l'objet du grand ouvrage que fit paraître ce dernier, en 1789, sous le titre *Genera plantarum* ; ouvrage plein de clarté, d'élégance et de philosophie.

Avant d'entrer dans les détails généraux que comportent les familles des plantes véritablement utiles dans les prairies naturelles, et celles qu'on peut leur associer à ce point de vue, faisons remarquer, à l'égard des graminées et des légumineuses, que chacune d'elles est la représentation la plus complète de l'une des deux grandes divisions admises comme bases fondamentales de la méthode naturelle.

Effectivement, les graminées font partie des plantes dites *monocotylédonées* (1) ; c'est-à-dire, ayant des graines dont le contenu, l'albumen, ne forme qu'une seule masse, comme dans le grain de maïs, de blé, etc..... Un des caractères généraux de ces plantes est encore de naître avec une seule feuille.

Les légumineuses font partie des plantes dites *dicotylédonées* ; c'est-à-dire, ayant des graines dont le contenu forme deux portions ou masses distinctes, deux *cotylédons* appliqués l'un contre l'autre, comme dans la fève, le haricot, etc..... Celles-ci naissent avec deux feuilles.

Voici maintenant les généralités botaniques et agricoles qu'il convient d'exposer : d'abord sur les deux familles qui font la base des prairies naturelles, puis sur celles qui ont, après celles-là et au même point de vue, le plus de valeur.

---

(1) Le mot *cotylédon*, du grec écuelle, désigne un corps charnu remplissant la graine, et qui peut être unique ou double. Dans le premier cas, la plante naît avec une seule feuille séminale, dans le second, avec deux.

A. *Les graminées.*

Les graminées, du latin *gramen*, celles dites herbacées, sont généralement peu élevées. Leurs racines sont fibreuses et capillaires, plus ordinairement vivaces qu'annuelles. Leurs tiges, désignées sous le nom spécial de *chaume*, sont presque toujours creuses et noueuses. Leurs feuilles sont alternes, étroites, longues, pointues, engaînantes et à fibres parallèles. Leurs fleurs petites, vertes, insignifiantes, et ordinairement hermaphrodites, sont disposées : ou en épis serrés, comme dans le blé : ou en panicules lâches, comme dans l'avoine. Dans ces fleurs qu'enveloppe la balle, sont presque toujours trois étamines et un pistil ; ce dernier surmonté de deux styles. Les fruits, que les botanistes nomment *caryopses*, renferment chacun une seule graine, remplie d'un albumen farineux et abondant, terminé par un petit écusson au bas de l'albumen.

Exemple principal : la Flouve odorante (*Anthoxanthum odoratum* (1). Fig. 1. (Voir la page suivante.)

---

(1) Cette plante, dont nous parlerons plus bas, se trouve ici très-réduite, car elle peut atteindre 30 à 35 centimètres; mais souvent aussi, subissant l'action d'un terrain médiocre ou mauvais, elle reste aussi petite que la représente la figure.

Au surplus, ce ne sont ni les dimensions, ni peut-être les proportions, ni l'épi, ni ses autres détails auxquels il faut faire attention ici : c'est l'ensemble de la figure; c'est à ce chaume droit, garni de feuilles engaînantes; ce sont ces feuilles elles-mêmes, dont les caractères sont tout-à-fait particuliers aux graminées, tout-à-fait caractéristiques de cette grande famille.

Fig. 1.

En raison sans doute de leur grande utilité, les plantes de la famille des graminées sont extrêmement répandues sur le globe; on en compte aujourd'hui environ 3,000 espèces, formant ainsi $\frac{1}{22}$ du nombre total de toutes les espèces connues. Quant aux individus, de l'avis des naturalistes, il n'est pas de famille qui puisse en compter autant.

C'est dans cette même famille que sont comprises les graminées dites *céréales* : bases essentielles de l'alimentation des hommes, elles décident, par leurs limites géographiques sur le globe, de celles de la civilisation elle-même.

Enfin, c'est encore une graminée que la plante précieuse à laquelle nous devons le sucre. La canne à sucre (*Saccharum officinarum*).

Considérées uniquement par rapport à l'emploi qui nous intéresse en ce moment, c'est-à-dire comme plantes fourragères, et sans nous occuper encore de leurs relations avec celles des autres familles, également utiles au même point de vue, nous aurons à signaler rapidement des propriétés qui rendent les graminées extrêmement précieuses, et les placent au premier rang dans nos prairies.

En premier lieu, il faut remarquer, avec les naturalistes, que ces plantes sont généralement envahissantes et exclusives des autres; qu'elles tendent sans cesse à dominer partout où elles s'établissent, à rester maîtresses du terrain. C'est là ce qui a fait donner à plusieurs d'entre elles la qualification de *plantes sociales* : une ou plusieurs de leurs espèces couvrant quelquefois d'immenses étendues de pays. C'est là aussi ce qui leur a fait donner le nom de *plantes grégaires*, d'un mot latin qui s'ignifie *troupeau*, parce que, effectivement, elles vivent en troupe, se protégeant et aidant mutuellement à leur multiplication, ainsi que cela se voit sur ces vastes espaces connus sous le nom de Pampas, de Savanes, de Steppes, etc., dont nous avons déjà parlé. Ainsi que cela se voit dans nos prés.

Il faut tenir grand compte aussi de leur rusticité, propriété précieuse qu'elles manifestent, non-seulement en résistant à l'inclémence des saisons et à leurs excès froid et chaud (1); mais encore en résistant aux attaques des animaux qui les piétinent, qui les broutent; *en renaissant*, comme l'exprime pittoresquement la pratique, *sous la*

---

(1) Dans une herborisation que fit M. Laterrade, le 14 janvier 1830, et pendant la durée de froids qui avaient fait descendre le thermomètre, non peut-être pas à 17°, comme le dit le vénérable maître, mais au moins à 13° 1, il trouva en fleur, à Pessac, la petite et commune graminée appelée *Agrostis* ou *Chamagrostis minima* par les botanistes.

dent de ces animaux. « On croirait, dit un botaniste, que des germes latents, alors abreuvés d'une sève abondante arrêtée dans son cours et forcée de s'accumuler dans le collet, n'attendaient que cette occasion pour se développer (1). »

Notons aussi qu'on doit à la famille des graminées un genre que nous ne pouvons encore que nommer, le genre Flouve (*Anthoxanthum*) précieux pour le parfum particulier qu'il communique au foin, comme nous le dirons ci-après.

Enfin faisons remarquer qu'il n'est aucune graminée reconnue vénéneuse, si l'on en excepte cependant les graines de l'ivraie enivrante (*Lolium temulentum*).

Très-facile à se propager dans les blés, pour peu que la culture en soit négligée ou trop exclusive dans la même terre; très-sujette aussi à méler sa graine avec celle du froment ou du seigle, cette plante a été considérée, à ces divers points de vue et dès la plus haute antiquité, comme l'une des plus dangereuses. Virgile la qualifie de malheureuse ivraie (*infelix lolium*) et, dans les livres saints, où l'ivraie est toujours présentée comme l'emblème des méchants, on connaît notamment la parabole du père de famille dans le champ de qui un perfide ennemi en avait répandu la graine.

Au surplus, c'est cette graine seulement, nommée aussi *zizanie*, qui communique au pain et encore quand elle retient de l'eau de végétation, des propriétés délétères. Et, comme l'empoisonnement par l'ivraie est caractérisé par un tremblement général, des vertiges, des tintements d'oreilles, etc., on a cru longtemps qu'elle donnait l'ivresse.

____

(1) M. Rodet : *Botanique agricole et médicale.*

On sait aujourd'hui que tout cela est la conséquence d'une substance particulière à laquelle on a donné le nom de *Loliine*.

B. *Les Légumineuses*.

Les légumineuses, du latin *legumen*, herbacées, annuelles, bis-annuelles ou vivaces, sont des plantes à tiges pleines, rondes ou anguleuses, pouvant se soutenir elles-mêmes ou s'accrochant aux plantes voisines. Leurs feuilles sont alternes, composées, c'est-à-dire résultant d'autres petites feuilles symétriquement disposées sur le même pétiole et munies de stipules à la base de ce pétiole. Leurs fleurs ont cinq pétales inégaux : le plus grand, enveloppant les autres, est nommé *étendard :* deux latéraux, sont appelés *ailes :* deux inférieurs plus ou moins soudés ensemble, forment la *carène*. Dans ces fleurs, il y a dix étamines unies par les filets, ordinairement en deux faisseaux. Les fruits sont des carpels, ou gousses contenant une ou plusieurs graines, à cotylédons charnus, à embryon ordinairement courbé.

A cause de son étendue et de son importance, cette grande famille a été divisée en tribus et c'est la tribu dite des *papillonacées,* vu la ressemblance de ses fleurs avec le papillon et la seule du reste représentée dans notre pays, que nous venons d'esquisser.

Exemple principal le trèfle des prés, ou de Hollande (*Trifolium pratense*) fig. 2 (1).

------

(1) On remarquera ici, à l'égard de notre figure, qu'elle représente non la plante tout entière, comme pour la flouve, mais un de ses rameaux au moment de la floraison.

La famille des légumineuses, tout aussi naturelle que la précédente, mais beaucoup moins nombreuse, puisqu'en 1838 encore elle ne renfermait que 280 genres connus, nous offre indépendamment des plantes herbacées, d'autres qui sont ligneuses, comme par exemple, l'accacia, le cytise, etc.

Nous lui devons ces graines riches en fécule et en matière azotée qu'elles sont, sous le nom de légume, l'une des bases essentielles de l'alimentation des hommes : haricots, pois, fèves, etc. Certaines, comme la pistache de terre (*Arachi hypogea*), fournissent de l'huile ; un acacia du Sénégal (*Acacia nilotica*) donne la gomme dite arabique, enfin c'est encore dans cette utile famille qu'est compris l'indigotier (*Indigofera tincto ria*).

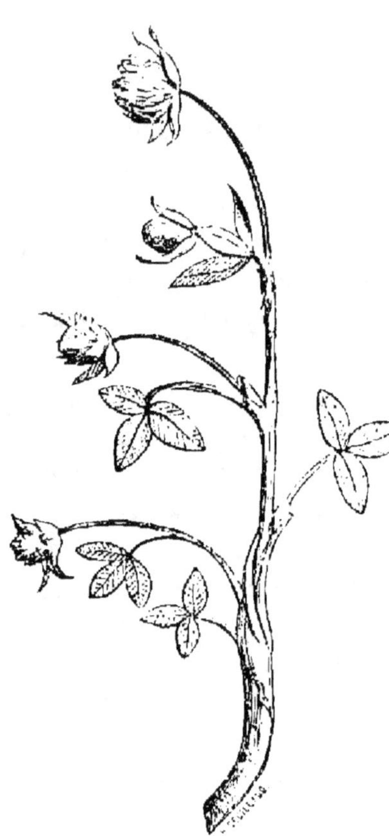

Fig. 2.

La répartition géographique de cette famille paraît être très-régulière, ce que commandait également sa grande utilité. Il n'est point de contrées du globe où elle n'ait de représentants, à l'exception peut-être de quelques petites îles, telles que celles de Tristan d'Acunha et de Saint-Hélène.

Sous le rapport fourrager, la famille des légumineuses vient immédiatement après celle des graminées. Les nombreuses espèces, annuelles ou vivaces, qu'elle fournit aux pacages, aux prairies naturelles, aux prairies artificielles surtout, sont d'une incomparable valeur.

Parmi ces espèces, trois principalement doivent être citées et l'on peut dire qu'elles font la richesse de l'agriculture : la luzerne, le trèfle, le sainfoin.

Abondantes en principes sucrés, gommeux et amilacés, toutes les plantes fourragères de la famille des légumineuses plaisent aux herbivores, vertes ou sèches, et sont très-nourrissantes pour eux.

C. *Les Ombellifères.*

Ainsi désignée du mot latin *umbella*, parasol, la famille naturelle des ombellifères renferme des plantes principalement herbacées, dont voici les caractères les plus saillants.

Leurs tiges sont généralement striées ou sillonnées dans le sens de leur longueur. Leurs fleurs, hermaphrodites, petites, blanches, rosées ou jaune, sont supportées par des pédoncules partant tous d'un même point, comme les rayons d'un parapluie et étalant leurs fleurs horizontalement. Leurs feuilles, le plus souvent très-divisées et imitant des feuilles composées, sont alternes et engaînantes.

Exemple principal : la carotte sauvage (*Daucus carolla*).

Peu propres à augmenter la quantité du foin, ces plantes, sur les terrains secs, semblent plus spécialement destinées, sinon à l'aromatiser, au moins à lui donner des qualités hygiéniques, à cause des propriétés toniques et excitantes, principalement développées dans leurs graines. Quant aux espèces qui se plaisent dans les terrains aquatiques, elles sont généralement vénéneuses.

D. *Les Composées* ou *Synanthérées*.

La très-grande famille des composées doit son nom à cette circonstance capitale que les fleurs, dans cette famille, sont petites, hermaphrodites, réunies symétriquement en têtes et portées en grand nombre sur un espèce de plateau charnu, ou receptacle.

On aura une idée de cet arrangement, en songeant à la fleur du tournesol (*Hellianthus annuus*); en faisant attention que cette partie cylindrique, semi-bombée et d'un beau jaune qui occupe le centre de cette grande fleur est, elle-même, un composé d'une multitude de petites fleurs distinctes.

Uniquement représentée, sous nos latitudes, par des plantes herbacées, annuelles, bis-annuelles ou vivaces, cette famille néanmoins est tellement étendue qu'il a été nécessaire de la diviser en trois grandes tribus : celle des *chicoracées* ; celle des *carduacées* ; celle des *corymbifères*.

Comme exemples généraux, nous citerons :

Pour les premières, la chicorée sauvage (*Cichorium intybus*) ;

Pour les secondes, la centaurée jacée (*Centaurea jacea*);

Pour les troisièmes, la grande marguerite (*Chrysantemum leucanthemum*).

Une propriété importante et qui paraît commune à toutes les composées, c'est l'amertume plus ou moins grande de leurs feuilles : propriété qui fait que, dans les herbages, dans le foin, elles relèvent également la saveur de l'alimentation, la rendent tonique et stomachique.

Ainsi que nous aurons occasion de le dire ailleurs, il est possible de faire des plantes des prairies et en se basant essentiellement sur cet emploi, une classification des plus simples et des plus pratiques. Il est clair en effet, et cela résulte des explications dans lesquelles nous venons d'entrer et plus encore de celles qui suivront, que si toutes ont de la valeur, si toutes sont utiles à des degrés différents, cette utilité non plus ne se manifeste pas de la même manière. Ainsi, il en est qui *nourrissent*, et ce sont les plus nombreuses ; il en est qui *assaisonnent* ; il en est qui *complètent* l'alimentation des herbivores.

Pour terminer ce sujet, si nous avions l'intention ici de le traiter en entier, il resterait encore à mentionner les plantes qui, dans les prairies, peuvent nuire à différents titres. Sur ce dernier point, nos explications ne pourront être qu'extrêmement bornées et nous les renfermerons dans des généralités qu'il faut connaître ; mais dont les détails ne sauraient trouver place que dans les ouvrages tout-à-fait spéciaux et suffisamment étendus.

III

PLANTES DES PRAIRIES NATURELLES UTILES OU NUISIBLES A DIFFÉRENTS TITRES.

———

Première Division : PLANTES UTILES

Nous venons de dire qu'elles étaient les familles de plantes appelées à former les prairies naturelles, et nous avons fait remarquer aussi quelle était la valeur générale de ces plantes, tant pour l'alimentation des animaux, que pour celle de l'homme lui-même. Nous ajouterons à ces premiers détails que, dans ces plantes encore, la chimie signale la présence de l'azote, ou au moins de certains principes azotés ; condition qui expliquerait, selon elle : d'abord leur valeur générale et collective, puis leur valeur particulière et individuelle, au point de vue auquel nous les examinons.

Ici, donc encore une fois, la théorie serait d'accord avec la pratique pour établir, parmi les plantes des prairies reconnues utiles dans leur ensemble, différents degrés de cette utilité. Mais, ni l'une ni l'autre, ne serait assez imprudente pour donner une préférence excessive à celles qui ont le plus de valeur et pour proscrire les autres sans mercie.

Une prairie où vivent ensemble tant de plantes de nature, d'organisation et de mœurs différentes, est l'image de la grande société humaine elle-même. Certes, de part et d'autre, tous les individus n'ont pas la même valeur, et cependant chacun a une portion de cette valeur ; chacun remplit un rôle obligé, utile par conséquent, et qu'il serait préjudiciable sans doute de laisser sans emploi.

Telle plante dont les produits ne figurent pas dans la masse alimentaire, ou n'y figurent si l'on veut que selon des proportions extrêmement restreintes, peut-elle être toujours proclamée radicalement inutile? Mais son rôle ne serait-il pas d'en protéger d'autres médiatement ou immédiatement; d'y rendre des services que nous ne pouvons d'abord apprécier? toutes circonstances également communes parmi les hommes, où l'on peut être utile, Dieu merci, sans gagner des batailles, sans livrer son nom à tous les échos de la renommée.

Ainsi donc et quand elles appartiennent d'ailleurs aux familles ci-dessus désignées, il y a de nombreuses présomptions pour admettre qu'en très-grande majorité les plantes d'une prairie naturelle, placée en bonne position, bien établie et bien entretenue, sont utiles quoiqu'à différents titres : la nature, maîtresse principale de leur choix, ne les y ayant pas placées sans intentions.

PLANTES QUI NOURRISSENT

A. *Famille des graminées*.

I. Genre AGROSTIDE (*Agrostis*) : du mot grec *champ*, plantes des champs.

Très-riche en espèces, ce genre en compte six dans notre Flore. Tous, à feuilles nombreuses, longues, étroites, déliées, donnent un foin de bonne qualité, lequel, dit M. Lecoq, est aux autres herbes, dans nos prairies, ce qu'est, dans une forêt, le taillis à la haute-futaie.

4

Généralement spéciales aux terrains légers et secs, ces plantes plaisent à tous les animaux et sont néanmoins plus propres à paître qu'à faucher.

Dans nos prés : l'A. vulgaire (*A. vulgaris*); l'A. des chiens (*A. canina*); l'A. stolonifère (*A. stolonifera*). Toutes vivaces.

II. Genre AVOINE (*Avena*): du latin *Avere*, désiré par les animaux.

Ce genre, qui compte d'utiles représentants parmi nos plantes cultivées, et dans lequel notre Flore comprend quinze espèces, est aussi très-précieux dans les prairies. Il fait un foin abondant, de bonne qualité et du goût de tous les animaux.

Dans nos prés : l'A. élevée (*A. elatior*), très-précieuse sous le nom de *Fromental*, et considérée, par plusieurs auteurs, comme la base essentielle du foin. L'A. jaunâtre (*A. flavescens*); l'A. des prés (*A. pratensis*); l'A. laineuse (*A. lanata*) (1); l'A. fragile (*A. fragilis*); l'A. folle (*A. fatua*). Les quatre premières, vivaces; les deux dernières, annuelles.

III. Genre BRIZE ou AMOURETTE (*Briza*) : du grec, *s'incliner, se balancer* à l'action des vents.

Fines et gracieuses, les espèces de ce genres se plaisent dans les terres légères, sèches et découvertes. Elles abondent peu, mais leur foin est d'excellente qualité.

Dans nos prés : la B. moyenne (*B. media*); la B. petite (*B. minor*). Toutes deux, annuelles.

_____

(1) C'est la Houlque laineuse (*Holcus lanatus*) d'autres auteurs.

IV. Genre BROME (*Bromus*) : d'un mot grec, *nourriture*, à cause de la bonté de ses produits.

Les espèces de ce genre sont nombreuses et rustiques ; mais elles font un foin dur, auquel nuisent encore les longues barbes et les valves acérées de leurs épis. Très-faciles sur la qualité de la terre, elles acceptent celle qui est sèche et graveleuse ; mais quelquefois aussi leur tendance à envahir les rend nuisibles dans les prairies.

Dans nos prés : le B. dressé (*B. erectus*), vivace ; le B. à grappes (*B. racemosus*) ; le B. mou (*B. mollis*) ; le B. stérile (*B. sterilis*) ; le B. des champs (*B. arvensis*). Ces quatre, annuelles ou bis-annuelles.

V. Genre CANCHE (*Aira*) : du nom de l'*Ivraie* en grec.

Ce genre ne nous offre que des espèces petites, fines, peu abondantes, propres aux terrains secs, légers, ombragés et plus généralement exploités comme pâtures.

Dans nos prés : la C. élevée (*A. cæspitosa*) ; la C. blanchâtre ou des chiens (*A. canescens*) ; la C. fluxueuse (*A. fluxuosa*). Toutes vivaces.

VI. Genre CHIENDENT (*Triticum*) : de *tritus*, broyé, allusion à la graine de froment que l'on brise pour la réduire en farine.

On connaît la puissance envahissante de cette plante. Cette puissance est telle que, malgré la valeur du chiendent, comme fourrage, on ne saurait le recommander, ni dans les pâtures, ni dans les prés. Et, cependant, il en est parmi ces derniers d'une très-haute réputation, comme ceux de la *Prévalaye* par exemple, où le chiendent se rencontre à titre d'espèce dominante.

Notre *Flore* mentionne plusieurs chiendents; mais celui dont il doit être question ici est le commun, le véritable chiendent (*T. repens*). Tous sont principalement vivaces, ou l'on peut, aussi bien par rapport aux terres en culture qu'ils infestent souvent, que par rapport aux prés, leur appliquer ces vers du fabuliste :

> Laissez-les prendre un pied chez vous,
> Ils en auront bientôt pris quatre.

VII. Genre CYNOSURE ou CRETELLE (*Cynosurus*) : de deux mots grecs, *queue de chien*.

Dans ce genre, les espèces sont peu difficiles sur la terre, pourvu que celle-ci ne soit pas trop humide ; elles donnent peu, mais font un foin d'excellente qualité et très-favorable à l'état sanitaire du bétail.

Dans nos prés : le C. à crête (*C. cristatus*); le C. hérissé (*C. echinantus*). Le premier, vivace ; le second, annuel.

VIII. Genre DACTYLE (*Dactylis*) : du mot grec *doigt*.

Ce genre, dans lequel on ne trouve qu'une espèce, est fort et robuste; ses chaumes, droits et fermes, soutiennent les autres graminées et donnent un foin dur. Ses préférences sont pour les terrains substantiels et frais.

Dans nos prés : le D. aggloméré (*D. glomerata*). Vivace.

IX. Genre FÉTUQUE (*Festuca*) : du latin, *fœnum*, FOIN.

Notre Flore ne compte pas moins de quatorze espèces dans ce genre. Généralement les fétuques se plaisent dans les terrains secs et siliceux ; le foin qu'elles donnent est sain et nourrissant, mais peu abondant.

Dans nos prés : la F. élevée (*F. elatior*) ; la F. ovine (*F. ovina*). Désignée aussi par le nom de F. durette (*F. duriuscula*), cette plante est très-commune et très-utile dans les landes, où elle fait la base des pâturages. « Lorsqu'on brûle les bruyères qui couvrent ces landes, on voit presque aussitôt pousser à leur place une graminée qui fournit un assez bon pâturage : c'est la F. durette qui y croît spontanément en grande abondance (1). » La F flottante (*F. fluitans*) ; la F. hétérophylle (*F. heterophylla*) ; la F. roseau (*F. arundinacea*). Toutes, vivaces. La F. queue de rat (*F. myuros*). Annuelle.

X. Genre FLOUVE (*Anthoxanthum*) : du grec *fleur jaune*, à cause de la couleur de l'épi.

Notre Flore ne compte que deux espèces de ce genre d'ailleurs peux nombreux. Bien que l'on considère les terres légères et sèches comme lui convenant spéciale-ment, néanmoins on les rencontre partout et dans des dimensions très-variées.

Dans nos prés : la F. odorante (*A. odoratum*). Si cette plante n'avait pas une valeur assez importante comme

---

(1) Réponse de la Société Philomatique de Bordeaux au Préfet de la Gironde, (*Bulletin polymathique ;* avril, 1811, p. 133.)

foin, il serait tout-à-fait convenable de la placer au premier rang de celles de la catégorie qui va suivre, plantes qui assaisonnent. « L'odeur de la Flouve, dit M. Lecoq, est des plus agréables, et ne devient très-sensible que par la dessiccation. C'est elle principalement qui parfume le foin, et répand cette odeur si douce que laisse échapper l'herbe des prairies quand elle commence à se dessécher.... Elle semble exciter l'appétit des animaux, et on assure même que leur chair acquiert, quand ils s'en nourrissent, une saveur et un parfum particuliers qui distinguent si bien le mouton des Ardennes et celui de Vassivière en Auvergne. »

Cette plante, qui croît par touffes et fleurit de très-bonne heure, est vivace. (Voir la fig. 1.)

XI. Genre IVRAIE (*Lolium*) : de *loloa*, nom celtique.

Déjà nous avons eu occasion de parler de ce genre, très-rustique, très-facile sur la nature de la terre et donnant un foin d'excellente qualité.

Dans nos prés : l'I. vivace (*L. perenne*). C'est également la plante fourragère cultivée sous le nom *Ray-grass*; l'I. multiflore ou grande Ivraie (*L. multiflorum*). La première est vivace ; la seconde, annuelle.

XII. Genre MÉLIQUE (*Melica*) : du mot italien, *miel*.

Ce genre fournit au foin proprement dit peu d'espèces, et celles que l'on rencontre dans les herbages s'y présentent ordinairement par touffes isolées.

Dans nos prés : la M. ciliée (*M. ciliata*); la M. uniflore (*M. uniflora*); la M. bleue (*M. cærulea*). Toutes vivaces.

XIII. Genre MILLET (*Millium*) : du latin, *mille*, allusion au
grand nombre de ses graines.

Ce genre, qui ne compte dans notre Flore que deux
espèces, participe à tous les avantages déjà signalés de la
grande famille des graminées et se plaît dans les terrains
secs.

Dans nos prés, ou plutôt dans nos pâtures, le M. len-
dier ou lendigère (*M. lendigerum*). Annuel (1).

XIV. Genre ORGE (*Hordeum*) : de *hordus*, pesant, allusion au
pain que l'on peut en obtenir ; ou de *horridus*, hérissé, allusion aux arêtes de l'épi.

On sait combien l'orge est précieuse pour la culture.
Dans nos prés, ce genre compte aussi des espèces d'une
certaine valeur, bien qu'en général les barbes de leurs
épis soient munies de crochets qui les arrêtent au palais
et sous la langue des bestiaux, en leur causant souvent
de grandes souffrances.

Dans nos prés : l'O. queue de rat (*H. murinum*) ;
l'O. des prés (*H. pratense* ou *Secalinum*). Celle-ci surtout, à cause de l'inconvénient ci-dessus signalé, nuit
quelquefois aux foins du Bas-Médoc ; l'O. maritime
(*H. maritimum*). Toutes annuelles.

XV. Genre PANIC (*Panicum*) : du latin, *panis*, pain.

On doit à ce genre des espèces précieuses par leur valeur, leur précocité et l'empressement des animaux à les

---

(1) Pour d'autres auteurs, cette plante est le *Gastridium lendigerum*.

rechercher. La culture lui en emprunte aussi deux très-répandues dans les landes : le millet (*P. miliaceum*) et la millade (*P. italicum*).

Dans nos prés : le P. digité (*P. digitaria*). Cette espèce, vivace, originaire de l'Amérique septentrionale, fut observée pour la première fois à La Bastide, par M. Ch. Des Moulins. Exemple des introductions qui peuvent se faire par le lest des navires, elle est aujourd'hui très-répandue dans les prairies des Palus, et on l'a signalée déjà, sur les rives de la Garonne et de ses affluents, à de très-grandes distance. Le P. pied-de-coq (*P. crus-galli*); le P. sanguin ou pourpré (*P. sanguinale*). Ces deux derniers, annuels.

XVI. Genre PATURIN (*Poa*) : du mot grec *fourrage*.

Ce genre est extrêmement nombreux en espèces. On en trouve dans tous les terrains, dans toutes les expositions, et partout elles font un fourrage de très-bonne qualité et plaisant beaucoup aux animaux.

Dans nos prés : le P. commun (*P. trivialis*); le P. aquatique (*P. aquatica*); le P. des prés (*P. pratensis*); le P. bulbeux (*P. bulbosa*), vivaces; le P. annuel (*P. annua*). Ce dernier, annuel.

XVII. Genre PHALARIS (*Phalaris*) : du grec *phalos*, blanc, argenté.

Genre peu nombreux, mais ayant une certaine valeur.

Dans nos prés : le P. roseau (*P. arundinacea*). Vivace.

XVIII. Genre PHLÉOLE (*Phleum*) : du grec *pleon*, fécond.

Toutes les espèces de ce genre donnent d'excellents produits verts ou secs.

Dans nos prés : la P. noueuse (*P. nodosum*); la P. des prés (*P. pratense*). Toutes deux vivaces : la dernière est le *Thymoti* des Anglais.

XIX. Genre POLYPOGON (*Polypogon*) : du grec *polys*, beaucoup, *pogon*, barbe.

Ce genre donne un fourrage passable et devient commun dans les prés salés.

Dans nos prés : le P. de Montpellier, ou Barbue de Montpellier (*P. Monspeliense*). Annuelle.

XX. Genre VULPIN (*Alopecurus*) : du grec *queue de renard*.

Bon et abondant dans les terrains humides, ce genre avait été recommandé par Linné, et il convient toujours d'en favoriser la propagation.

Dans nos prés : le V. des prés (*A. pratensis*); le V. des champs (*A. agrestis*). Tous deux vivaces.

B. Famille des légumineuses.

I. Genre ANTHYLLIDE (*Anthyllis*) : de deux mots, grecs *fleur* et *poil*.

Beaucoup plus nombreux dans les contrées méditerranéennes que parmi nous, ce genre se plaît dans les terrains secs et s'y établit par touffes.

Dans nos prés : l'A. vulnéraire ou simplement la Vulnéraire (*A. vulneraria*). Espèce vivace, précieuse et que l'on a voulu cultiver en prairies artificielles, sous le nom de *trèfle jaune*.

II. Genre HIPPOCHRÉPIDE (*Hippochrepis*) : de deux mots grecs, *cheval* et *chaussure*.

Ce sont encore les terrains secs et sablonneux que recherche ce genre pour s'y propager facilement et y former de larges touffes.

Dans nos prés : l'H. en ombelles (*H. comosa*). Espèce vivace, recherchée par les bestiaux et surtout par les moutons.

III. Genre GESSE (*Lathyrus*) : nom d'origine grecque.

La culture proprement dite, les prairies naturelles et les prairies artificielles, trouvent à emprunter des espèces précieuses à ce genre nombreux et peu difficile d'ailleurs sur la qualité de la terre.

Dans nos prés : la G. hérissée (*L. hirsutus*) la G. des prés (*L. pratensis*); la G. à larges feuilles (*L. latifolius*). La première, annuelle; les deux dernières, vivaces.

IV. Genre LOTIER (*Lotus*) : nom d'origine grecque.

Les espèces de ce genre se trouvent dans les meilleures prairies, où elles résistent aux sécheresses et aux inondations.

Dans nos prés : le L. corniculé (*L. corniculata*); le L. majeur (*L. major*). Tous deux vivaces.

V. Genre LUZERNE (*Medicago*) : à cause de la Médie, son lieu
d'origine selon Théophraste.

Les anciens et les modernes sont d'accord pour louer
la luzerne, surtout l'espèce cultivée en prairie artificielle ;
celle qu'Olivier de Serres, dans son style énergique et
pittoresque, appelle la *Merveille du ménage*, et qui l'est
effectivement, surtout pour nos contrées méridionales.

Dans nos prés : la L. cultivée (*M. sativa*); la L. lupu-
line (*M. lupulina*); la L. en faucille (*M. falcata*).
Vivaces.

VI. Genre MÉLILOT (*Melilottus*) : d'un mot grec, *miel*.

L'odeur agréable et persistante de ce genre lui donne
une valeur que lui refuseraient, comme fourrage, la rareté et l'exiguité de ses feuilles.

Dans nos prés : le M. officinal (*M. officinalis*); le
M. blanc (*M. alba*). Le premier, annuel; le second, bis-
annuel.

VII. Genre ORNITHOPE ou PIED-D'OISEAU (*Ornithopus*) : de
deux mots grecs, *pied-d'oiseau*.

Les espèces de ce genre sont petites et peu abondantes,
mais elles se contentent des terrains secs et légers, et sont
du goût de tous les animaux.

Dans nos prés : l'O. délicat (*O. perpusillus*). Annuel.
Il y a aussi l'O. comprimé (*O. compressus*). Également
annuel et que l'on cultive en prairie artificielle en Por-
tugal sous le nom de *Séradilla*.

VIII. Genre POIS (*Pisum*) : nom emprunté du grec.

Voici encore un genre précieux pour la grande culture et pour celle des jardins.

Dans nos prés, soit spontanément, soit échappé des cultures, le P. des champs (*P. arvense*). Annuel.

IX. Genre SAINFOIN (*Onobrychis*) : du grec, *recherché par les ânes*.

Le sainfoin est une des meilleure plantes fourragères que l'on connaisse ; elle n'est pas difficile sur la nature des terres, pourvu qu'elles soient calcaires ; elles les améliore, et l'on sait les services qu'elle rend en prairie artificielle, surtout dans nos contrées méridionales.

Dans nos prés : le S. cultivé ou Esparcette (*O. sativa*). Vivace.

X. Genre TRÈFLE (*Trifolium*) : du latin *trois-feuilles*.

Un auteur allemand, J.-N. Schwerz, a dit : « Celui-là ne mérite pas le titre d'agriculteur, qui peut passer à côté d'un champ de trèfle sans plaisir et sans admiration. » Plante par excellence pour les prairies artificielles, l'introduction du trèfle a marqué un des plus grands progrès de l'agriculture moderne.

Dans nos prés : le T. des prés, ou de Hollande, ou grand trèfle (*T. pratense*), vivace ; le T. incarnat (*T. incarnatum*), annuel ; le T. maritime (*T. maritimum*), base des excellents prés du Bas-Médoc, vivace ; le T. jaune (*T. ocroleucum*), vivace ; le T. à feuilles étroites (*T. an-*

justifolium), annuel ; le T. rampant ou Triolet (*T. re-*
pens), vivace ; le T. de Paris (*T. parisiense*), annuel ; le
T. fraisier (*T. fragiferum*), vivace.

XI. Genre VESCE (*Vicia*) : du latin *vincire*, lier.

Ce genre offre encore à la culture, tant pour les prairies temporaires que pour celles qui sont permanentes,
es plus grandes ressources. Il a aussi le précieux mérite
d'être peu difficile sur la qualité de la terre et de venir
à-peu-près partout. Les bestiaux en consomment les produits avec le plus grand plaisir.

Dans nos prés : la V. à épis (*V. craca*), vivace ; la V.
cultivée (*V. sativa*), annuelle ; la V. jaune (*V. lutea*),
annuelle ; la V. des haies (*V. sepium*); la V. à feuilles
étroites (*V. angustifolia*), annuelles.

C. Famille des Ombellifères.

I. Genre BERCE (*Heracleum*) : nom d'Hercule en grec, *plante consacrée à Hercule.*

Ce genre figure avec avantage dans les prairies naturelles fraîches et fertiles, principalement du nord et du
centre de l'Europe.

Dans nos prés : la B. commune, également nommée
Branc-Ursine (*H. spondylium*). Bis-annuelle.

II. Genre BOUCAGE (*Pimpinella*) : par rapport à la forme des feuilles dites en botanique, *bi-penni-séquées*

Les espèces de ce genre donnent un fourrage hâtif, de
bonne qualité, augmentant le lait des vaches et utilisent

les terrains secs et calcaires. On s'en est servi en Champagne pour mettre en valeur des terres crayeuses.

Dans nos prés : le grand B. (*P. magna*); le petit B. (*P. saxifraga*). Vivaces.

III. Genre CAROTTE (*Daucus*) : nom grecs de quelques ombellifères.

La principale espèce que possède ce genre est la souche primitive du légume précieux que nous connaissons sous ce nom, légume qui s'est aussi répandu dans la grande culture et lui a fourni plusieurs variétés de fourrages-racines très-précieuses et riches en sucre.

Dans nos prés : la C. (*D. carotta*). Là, cette plante est appréciée pour son feuillage que tous les bestiaux broutent avec plaisir tant qu'elle est tendre et succulente. Bis-mensuelle.

D. *Famille des Composées ou Synanthérées.*

I. Genre CHICORÉE (*Cichorium*) : nom d'origine égyptienne, dont le sens est, *se trouve partout.*

Une amertume très-prononcée caractérise ce genre auquel l'horticulture a emprunté des produits très-avantageux et la grande culture un bon fourrage artificiel.

Dans nos prés : la C. sauvage (*Cichorium intibus*). Elle se plaît dans les terrains secs et argileux. Vivace.

II. Genre CRÉPIDE (*Crepis*) : d'un mot grec, qui signifie *pantoufle*, allusion à la forme du fruit.

Ce genre se propage non-seulement autour de tous les lieux habités, mais encore sur les murailles et jusque dans les rues des cités.

Dans nos prés : la C. bis-annuelle (*C. biennis*). Là où le terrain est frais et de bonne qualité, elle peut devenir dominante. Bis-annuelle.

III. Genre LAITRON (*Sonchus*) : nom d'origine grecque.

Genre très-nombreux et généralement très-accommodant pour la terre et pour la situation.

Dans nos prés : le L. commun (*Sonchus oleraceus*) : plante que recherchent tous les animaux et qui les nourrit très-bien; les lapins surtout lui doivent un goût très-agréable. Annuel.

IV. Genre PISSENLIT (*Leontodon*) : du grec, *dent de lion*.

Très-nombreuses, les espèces de ce genre croissent partout abondamment, grâce à la disposition de leurs graines que le vent enlève et transporte au loin.

Dans nos prés : le P. commun (*L. taraxacum*) (1). Précoce et recherché par les animaux au printemps, le Pissenlit perd beaucoup comme foin. Quand on fauche, il est ordinairement sec et son produit se trouve ainsi beaucoup réduit. Vivace.

V. Genre SALSIFIS (*Tragopogon*) : du grec, *barbe de bouc*.

Comme la carotte, et d'ailleurs très-nombreux, ce genre a fourni, par la culture, un légume très-recherché.

Dans nos prés : le S. des prés (*T. pratense*). Cette espèce y est quelquefois par touffes plus ou moins éten-

____

(1) C'est aussi le *Taraxacum officinale*, d'autres auteurs.

dues. Cependant, malgré sa valeur nutritive et à cause de la difficulté de sa dessiccation pour en faire du foin, quelques auteurs la repoussent. Bis-annuelle.

VI. Genre SCORSONÈRE (*Scorsonera*), nom d'origine espagnole.

Ce genre, très-voisin du précédent, offre l'avantage de posséder un suc propre dans lequel domine le sucre. Malheureusement il est sujet à un cryptogame auquel, dit M. Lecoq, on donne le nom d'*Uredo receptaculorum*, et qui le fait rejeter par les animaux.

Dans nos prés : la S. basse ou humble (*S. humilis*). Annuelle.

E. Famille des Rosacées.

I. Genre PIMPRENELLE SANGUISORBE (*Poterium*) : du grec *Coupe*.

Ce genre fournit également aux prairies naturelles et aux prairies artificielles. Il se plaît dans les terrains secs.

Dans nos prés : la P. sanguisorbe (*P. sanguisorba*). Vivace.

II. Genre SANGUISORBE (*Sanguisorba*) : du grec *sang* et *boire*, arrêter le sang des hémorragies.

Genre tout-à-fait semblable au précédent.

Dans nos prés : la S. officinale ou Pimprenelle des prés (*S. officinalis*). Vivace.

F. *Famille des Plantaginées.*

1. Genre PLANTAIN (*Plantago*) : du latin, *planta*, plante.

Les espèces de ce genre sont répandues partout et génélement du goût des bestiaux.
Dans nos prés : le grand P. (*P. major*), qui a grande ndance à multiplier, à devenir envahissant et que l'on ssèche difficilement pour en faire du foin ; le P. moyen P. *media*); le P. lancéolé (*P. lanceolata*). Très-vivaces.

A. *Famille des Polygalées.*

. Genre POLIGALE (*Polygala*) : du grec, *beaucoup de lait.*

Les espèces de ce genre ne redoutent pas les mauvais rrains.
Dans nos prés : le P. commun (*P. vulgaris*); le P. mer (*P. amara*). Tous vivaces.
Nous pourrions ajouter encore les espèces suivantes, n nous bornant simplement à les désigner :
Caryophillées : le Sylène gonflé ou Cucubale (*Silene nflata*). Vivace. — Corymbifères : le Millefeuilles (*Achi-a millefolium*); la Paquerette (*Bellis perennis*); la rande Marguerite (*Chrysantemum leucanthemum*). Tous ivaces. — Linées : le Lin à feuilles étroites (*Linum an-ustifolium*). Vivace. — Labiées : la Bugle rampante Ajuga reptans*); la Brunelle commune (*Prunella vul-aris*); la Toque casquée (*Scutellaria galericulata*). outes vivaces. — Rubiacées : le Gaillet jaune (*Galium erum*), vivace; le G. blanc (*G. mellugo*), annuel. —

Dipsacées : la Scabieuse-mors-du-Diable (*Scabiosa succisa*); la S. colombaire (*S. columbaria*). Toutes vivaces. — Crucifères : la Cardamine des prés (*Cardamina pratensis*), vivace. — Polygonées : la Renouée bistorte (*Polygonum bistorta*), vivace, etc..., etc...

Deuxième Division : PLANTES NUISIBLES

Dans les prairies naturelles et parmi le grand nombre de plantes qui s'y établissent, il serait facile encore, entre celles qui sont utiles et celles qui sont nuisibles, de former une catégorie nombreuse de celles qui ne sont qu'indifférentes. Mais ces divisions si nombreuses et si précises ne sauraient entrer dans le cadre étroit que nous nous sommes tracé : notre intention d'ailleurs étant, pour les plantes réellement nuisibles, de nous borner à de simples généralités : généralités que nous renfermerons dans les quatre considérations qui suivent :

1. Plantes qui peuvent être nuisibles en se multipliant dans une trop grande proportion, quand elles n'ont qu'une valeur inférieure, et en devenant ainsi exclusives de celles qui sont essentielles : comme les graminées et les légumineuses.

Ici nous pouvons comprendre des plantes dont nous avons parlé ci-dessus; dont nous avons, pour la plupart déjà, cité les tendances envahissantes, et qui ne deviennent réellement nuisibles que lorsqu'il leur est possible d'obéir complètement à ces tendances.

Nous pouvons comprendre la Carotte, le Pissenlit, le Plantain, l'Achillée mille feuilles, les Sauges (*Sal-*

via), etc., etc. (1), dont le but principal est d'aromatiser le foin, ou de lui communiquer des propriétés médicales plus ou moins avantageuses; mais qui ne sauraient, sans nuire gravement, devenir dominantes et qu'il convient toujours de maintenir dans une infériorité relative.

Nous pouvons citer aussi le Chiendent, malgré sa valeur nutritive.

2. Plantes qui peuvent être nuisibles par un développement en désaccord avec celui des plantes utiles.

Dans cette catégorie, l'on peut comprendre des plantes comme le Pissenlit, comme le Plantain, etc., etc., dont le développement est rapide, qui se trouvent en graine lorsque les graminées et les légumineuses entrent en fleur : n'offrant plus alors que des feuilles desséchées et sans valeur nutritive.

3. Plantes qui peuvent être nuisibles par une valeur dont ne saurait profiter le foin.

Ici l'on peut comprendre des plantes qui ne sont bonnes que pendant leur jeunesse, dont les animaux pourraient profiter dans une pâture, mais dont on ne saurait faire du foin. L'on pourrait comprendre la Brancursine, la Crête-de-coq (*Rhinantus crista galli*), l'Ormière (*Spiræa ulmaria*).

4. Plantes qui peuvent être nuisibles en portant obstacles, par leur manière de croître, à d'autres plus utiles qu'elles.

Certaines plantes tiennent fortement appliquées sur la

---

(1) Pour ne pas surcharger notre travail de noms scientifiques, nous ne mentionnerons ces noms qu'à l'égard des plantes dont nous n'avons pas encore parlé.

terre leurs feuilles et forment ainsi, avec ces feuilles, une rosette d'un périmètre plus ou moins étendu. De cette manière, elles occupent un espace relativement considérable, d'où les autres se trouvent exclues. La Reine-Marguerite, les Sauges, la Scabieuse, la Patience (*Rumex patientia*), le Plantain moyen, etc., sont dans ce genre.

5. Plantes qui peuvent être nuisibles en vivant aux dépens des autres et comme parasites.

Ici nous devons citer une plante déjà mentionnée au paragraphe trois ci-dessus : la Crête-de-coq. Des recherches récentes, faites par plusieurs botanistes, ont prouvé le parasitisme de cette plante, et démontré ainsi le mal qu'elle peut faire dans les prés où, trop souvent, on la voit se multiplier beaucoup.

6. Plantes qui peuvent être nuisibles, en communiquant au foin des propriétés dangereuses pour les animaux.

Dans cette catégorie, il faut ranger la Renoncule scélérate (*Ranunculus sceleratus*), poison actif pour tous les ruminants; le Colchique d'automne, ou Tue-chien (*Colchicum autumnale*), dont les graines empoisonnent le foin; les Prêles (*Equisetum*), qui font perdre le lait aux vaches; les Menthes (*Mentha*), qui les font avorter; les Pédiculaires (*Pedicularis*), qui procurent des pissements de sang, etc., etc.

A l'égard de tous ces accidents, on fera attention d'abord que, pour se produire souvent, il faudrait que les plantes désignées se trouvassent en plus grand nombre qu'elles ne le sont habituellement dans les prés. En second lieu, qu'il faudrait supposer aussi, de la part des animaux herbivores, un défaut de choix dans leur alimentation, dont ils ne donnent que de très-rares exemples.

Néanmoins, on a des exemples des dangers signalés, et l'on ne saurait trop, pour prévenir ces derniers, répéter ces paroles de l'abbé Rozier : « Il faut, au mois de mai, passer dans la prairie toutes les herbes en revue; couper dans la terre les Chardons, la Bardane, la Toutebonne et autres plantes voraces qui ne donnent pas de foin, étouffent les bonnes herbes et leur ravissent l'engrais terrestre et météorique; les faire ramasser et les faire jeter dans les chemins. »

A plus forte raison, faut-il agir de même pour celles de ces plantes qui peuvent faire contracter aux animaux des maladies dangereuses, ou leur causer la mort (1).

---

(1) Tout ce que l'on vient de lire et tout ce qui va suivre, suppose, de la part, sinon du cultivateur proprement dit, au moins de la part de l'agronome, des connaissances botaniques malheureusement très-peu répandues. Pour suppléer à ce défaut, on a fait grand nombre de livres, parmi lesquels nous citerons particulièrement les suivants : *Traité des plantes fourragères, ou Flore des prairies naturelles et artificielles*, etc..., par H LECOQ; — *Plantes fourragères*, atlas de 60 figures de graminées, par M. V.-J. ZACCONE.

INSTRUCTION SIMPLIFIÉE

POUR

L'APPRÉCIATION ET L'EMPLOI DES FOURRAGES

PROPRES AUX HERBIVORES

Avec des applications principalement au département de la Gironde et à la région du Sud-Ouest.

La pratique et l'observation sont des guides ordinairement sûrs, tant pour le choix des aliments à donner aux
animaux de l'étable, que pour la quantité de ces mêmes
aliments. Néanmoins, et sans qu'il soit nécessaire de recourir aux moyens souvent compliqués et difficiles qu'emploie
la chimie proprement dite, pour juger de la valeur nutritive
d'une substance alimentaire, il est cependant, nous le
croyons au moins, certaines opérations, certains essais,
simples et faciles, dont on peut user, pour s'éclairer dans
une matière aussi importante, ou au moins pour se ren-
seigner.

En outre, tout ce qui peut nourrir, dans un fourrage,
n'admet pas une nature absolument identique. Loin de là,
on sait au contraire que les principes immédiats que nous
offrent les végétaux, diffèrent essentiellement entre eux,
et que, si le cultivateur n'a pas toujours intérêt à connaître

la quantité précise de chacun de ces principes, au moins peut-il retirer souvent de grands avantages à juger de leur nature.

C'est dans le but de l'aider, pour ces deux sortes d'appréciations; dans le but de le mettre à même de juger promptement et facilement :

1° Quelle est la valeur nutritive d'une substance déterminée ;

2° Quelles sont les matières qui établissent cette valeur ; que nous avons entrepris ce travail, et rédigé cette instruction.

Pour cela, nous avons recherché avec soin, dans les ouvrages nombreux et la plupart très-recommandables sur la chimie agricole, les moyens les plus simples, les plus faciles à employer; nous les avons nous-même expérimentés en compagnie de nos auditeurs, et enfin nous nous sommes efforcé de les exposer avec le plus de méthode et de clarté possibles.

Dans son sens le plus étendu et le plus général, le mot *fourrage* peut s'appliquer à toutes les matières végétales données aux herbivores comme aliments (1).

---

(1) On peut à ce qu'il paraît assigner au mot *fourrage*, deux origines assez distinctes ; on peut le faire venir du mot allemand *futter*, d'où la basse latinité aurait formé les mots *foderum* et *foderagium* ; on peut le faire venir du mot latin *farrago*, expression dont se servaient les Romains pour désigner un mélange d'herbes destinées au bétail. Évidemment cette dernière étymologie est la vraie ; car, dans le patois gascon qui n'est que ce latin corrompu, on dit aussi *ferratche*, ou *ferratcho*.

Ainsi les plantes herbacées, coupées pour cet usage au moment de leur floraison ou avant, sont des fourrages. Cependant, quand on les fait sécher pour les conserver plus longtemps et les livrer successivement à la consommation, on leur applique plus spécialement le nom de foin. Ou dit foin de prairies naturelles, ou simplement foin ; car tel est le type du genre : foin de luzerne, foin de trèfle, etc.

La grande catégorie des fourrages comprend aussi les racines et tubercules donnés aux animaux : betteraves, raves, carottes, pomme de terre, etc ; elle comprend certains fruits, comme les citrouilles par exemple.

Enfin, elle ne laisse pas en dehors non plus les graines très-employées pour ce même usage : telles, particulièrement, que l'avoine, l'orge, le maïs, etc.

Les fourrages sont donc les matières destinées à nourrir les animaux de nos étables, ou, plus exactement, les formes diverses sous lesquelles nous pouvons réunir ces matières, les livrer à ces animaux : tout disposés, d'après leurs espèces et les autres conditions particulières à chacun d'eux, pour en tirer le plus grand profit possible, aux différents points de vue de l'économie agricole.

Bien que nous ne soyons préoccupés ici que par les résultats de l'alimentation, il n'est pas hors de propos, cependant, de rechercher, avant d'entrer directement dans notre sujet, quels sont les moyens et les conditions de cette alimentation chez les animaux en général, et plus spécialement chez les herbivores. Il n'est pas inutile de savoir par quels organes et par quelle série d'opérations, s'accomplit chez eux le grand phénomène de la digestion.

Détails physiologiques sur la digestion, tant du bœuf que des autres espèces domestiques herbivores et ruminantes.

On désigne, sous le nom commun de digestion, une suite d'opérations par lesquelles les animaux en général, retirent, des substances dont ils se nourrissent, les matériaux qui doivent assurer leur existence et fournir à leur développement.

La digestion est pour eux, tout à la fois, une œuvre mécanique et une œuvre chimique, et la nature les a pourvus des organes et des sucs nécessaires à cette œuvre complexe.

Les aliments sont d'abord introduits dans la bouche.

Là, ils sont divisés par les dents, imbibés par la salive et réduits en une matière qui prend le nom de *Bol alimentaire*.

Cette matière, par suite de contractions constituant la déglutition, passe de la bouche dans ce qu'on appelle l'œsophage, ou sorte de canal situé le long du cou et destiné à la conduire dans l'estomac.

L'estomac est l'organe essentiel de la digestion. Il consiste en une sorte de sac flexible dans lequel les aliments, déjà réduits en bouillie, subissent une transformation complète, sous la double influence des contractions de ce viscère et de l'action dissolvante d'un suc acide qu'il a la propriété de sécréter, le *suc gastrique* (1).

______

(1) Selon les chimistes, le *suc gastrique* est un liquide qui contient de l'acide lactique, de l'acide chlorhydrique libre, du sel marin, et une substance toute spéciale nommée *pepsine*. Il est secrété par la membrane muqueuse de l'intérieur de l'estomac et possède une très grande propriété dissolvante.

Dans ce nouvel état, ils forment une pâte homogène, molle, grisâtre, que l'on nomme *chyme* (1).

Quand le chyme a été suffisamment élaboré, il sort de l'estomac et passe dans les intestins.

C'est dans ces derniers que se termine la digestion, par le concours de deux nouveaux agents : la *bile* (2) et le *suc pancréatique* (3). Alors deux parts sont faites du chyme : l'une qui est appelée *chyle* (4) et que l'animal retient pour se nourrir ; l'autre qui constitue les excréments et qu'il rejette au dehors.

Ces phénomènes, que nous venons d'exprimer aussi succinctement que possible, constituent, nous le répétons, l'ensemble de la nutrition, considérée d'une manière générale et pour tous les animaux sans distinction.

Maintenant, en nous bornant aux quadrupèdes seulement, il nous serait facile de citer bien des détails

---

(1) D'un mot grec : *suc, humeur.*
Cette pâte ou bouillie est légèrement visqueuse, son odeur est acide, sa saveur douce avec un arrière-goût d'amertume. Elle rougit le papier bleu végétal.

(2) Matière, ou liqueur, ordinairement verte et amère, produite par le foie aux dépens du sang et éminemment propre, sinon à dissoudre, au moins à émulsionner les substances grasses et à les présenter aux vaisseaux qui doivent les absorber.

(3) Cet autre suc paraît destiné à transformer l'amidon en dextrine et en sucre.

(4) « Le chyle est un fluide blanchâtre, qui a l'apparence du lait, « l'odeur de la fleur du châtaigner et une saveur douceâtre ; il se » sépare des aliments, déjà modifiés dans l'estomac au moment où ils » passent dans les premiers gros intestins, et il est absorbé par les « vaisseaux qui conduisent dans les veines, pour réparer les pertes « que le sang éprouve continuellement. »

(10)

établissant, dans la forme, des différences nombreuses et profondes, selon les grandes divisions admises par les naturalistes, parmi ces animaux.

Au nombre de ces différences, les plus capables de nous intéresser sont celles dont la cause est prise dans la nature des aliments consommés.

Sous ce rapport effectivement, il est possible de faire des animaux dont il s'agit trois divisions principales : les herbivores, les carnivores, les omnivores, selon que leur alimentation est empruntée ou exclusivement ou seulement principalement, aux herbages ou à la chair, ou qu'elle provient enfin de ces deux sources.

Les organes qui répondent le plus directement à ces trois cas et peuvent au besoin en devenir la preuve, sont les dents et les intestins.

Les carnivores (du latin *carnis* et *rorare*), ayant tout à la fois à trancher, à déchirer et à broyer leurs aliments, possèdent un système dentaire commandé par cette triple nécessité. On y voit des dents incisives, pour trancher; des dents canines, pour déchirer; des dents molaires, pour broyer.

La figure 1re représentant la tête d'un chien, animal carnivore, fait parfaitement comprendre ces détails.

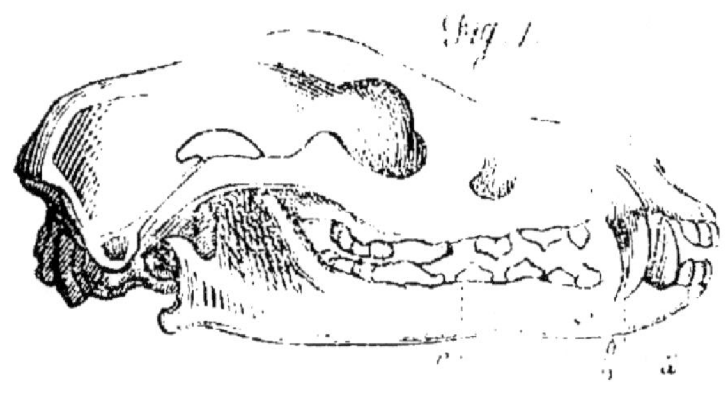

Les caractères distinctifs du genre chien (*Canis*) empruntés au système dentaire, sont ainsi décrits par les naturalistes : « Six incisives en haut et autant en bas, *a*; deux canines à chaque mâchoire, *b*; douze molaires supérieures et douze ou quatorze inférieures, *c*. » En tout 40 à 42 dents.

Les herbivores (du latin *herba* et *rorare*), au contraire, ayant, à ce premier point de vue, beaucoup moins à faire, ont un système dentaire plus simple. En général, leurs mâchoires ne présentent que des dents incisives et des dents molaires à couronnes tout-à-fait plates.

Chez les ruminants même, cette simplification est encore plus grande. Ces animaux devant tondre l'herbe plutôt que la trancher, ce n'est qu'à la mâchoire inférieure qu'ils ont des incisives; la supérieure n'offrant sur ce point, qu'un bourrelet calleux. Puis, après un espace vide, viennent en haut et en bas de fortes molaires.

La figure 2ᵉ, représentant une tête de bœuf, fait encore comprendre ces différences.

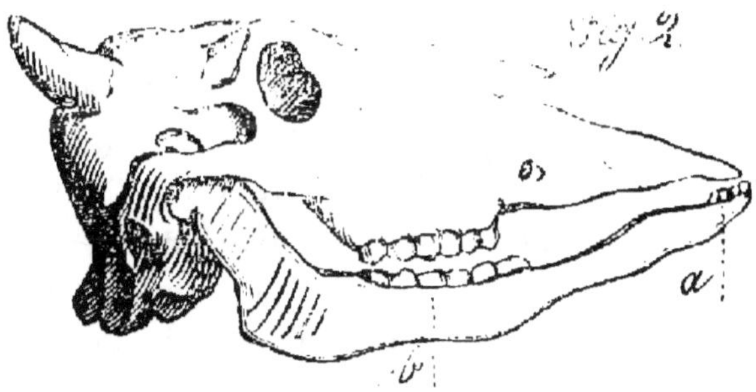

Voici également les caractères distinctifs du genre bœuf (*Bos*) empruntés au système dentaire : « Huit dents incisives à la mâchoire inférieure, *a*, toutes larges et en forme de palettes ; de chaque côté un espace libre. Douze molaires à chaque mâchoire, *b*, six de chaque côté. » A la mâchoire supérieure, absence d'incisives, où elles se trouvent remplacées par un bourrelet calleux.

Après le système dentaire, les intestins accusent aussi, par leur longueur, les différences dont il s'agit.

Chez les carnivores, qui usent d'une nourriture riche en sucs assimilables, l'acte de cette assimilation est prompt et rapide. Il ne serait même pas sans danger que de telles matières, sujettes à se corrompre, restassent trop longtemps dans le corps de l'animal. Aussi leurs intestins, siége principal de cette assimilation, sont-ils relativement courts.

C'est ainsi que les intestins du lion, qui se nourrit de proies vivantes, ont environ *trois fois* seulement la longueur du corps de cet animal.

Au contraire, chez les herbivores, la nourriture n'abondant pas en sucs assimilables, il faut en prendre beaucoup et la garder longtemps, pour en extraire les principes alimentaires, et voilà pourquoi chez ces derniers les intestins ont une très-grande longueur. Ceux du bélier égalent souvent *vingt-huit fois* la longueur de son corps.

L'homme, qui est l'omnivore par excellence, accuse aussi ces diverses nécessités : ses dents sont de trois sortes (8 incisives, 4 canines, 20 molaires). Ses intestins, par leur longueur, tiennent le milieu entre ceux des deux grandes classes des carnivores et des herbivores. Ils ont *cinq à six fois* la longueur de son corps, huit à neuf mètres environ (1).

____

(1) Le genre de nourriture a une influence tellement directe sur la longueur du canal digestif, que le chat sauvage a l'intestin de moitié moins long que le chat domestique, devenu omnivore par cette domesticité.

On remarque aussi que lors de l'expulsion des excréments, plus encore chez les carnivores, ces matières ré-
pandent déjà des odeurs qui témoignent d'un état avancé
de décomposition, et du danger qu'il y aurait eu à les
conserver plus longtemps dans le corps.

Après ces généralités sur la digestion, nous devons faire
remarquer les différences essentielles qu'elle offre chez
les animaux que nous élevons, sous le nom de bêtes à
cornes, chez les ruminants.

Ces animaux, compris dans les herbivores, ont la propriété de mâcher deux fois leurs aliments : circonstance
encore à l'appui de l'infériorité de ces aliments, compa-
rativement à ceux empruntés directement à la chair ; et à
l'appui aussi de la nécessité de les soumettre à un travail
digestif plus long et plus compliqué.

Cette circonstance a également sa raison dans l'état de
nature, car tout est harmonie dans cette nature : « Ces
animaux essentiellement herbivores, ont besoin d'une
grande quantité de matières digestives, et, comme dans
la vie sauvage, ils sont exposés aux embûches ou aux
attaques d'un grand nombre d'ennemis, il leur faut brou-
ter précipitamment les matériaux de leur alimentation,
pour fuir plus vite les pâturages auxquels ils s'étaient
rendus (1). »

Qui ne comprend ici combien l'agriculture, de son
côté, se trouve favorisée par ces mêmes dispositions ?
Sans doute, dans l'état de domesticité, le bœuf pourrait
paître en paix et nul danger ne le forcerait à précipiter

----

(1) *Dict. univ. d'Hist. nat.*,

l'acte capital de son alimentation ; mais le travail que nous lui imposons exige non moins impérieusement cette précipitation, et voilà pourquoi, sous le joug, à la charrue, à la charrette, nous le voyons ruminer, achever son repas.

Ainsi, après avoir grossièrement concassé leurs aliments dans une première mastication, après les avoir avalés une première fois, les ruminants les font remonter dans leur bouche, revenir sous leurs dents, par un phénomène curieux qu'expliquent d'abord les dispositions toutes particulières de leur estomac.

Chez cette classe d'êtres, effectivement, cet organe essentiel est multiple et l'on peut dire qu'ils ont quatre estomacs, ou au moins un estomac divisé en quatre compartiments ou cavités distinctes. La plus grande de ces divisions et la première est dite la *panse* ; on la nomme encore la *double* ou l'*herbier*, fig. 3°, *a*. C'est là que sont reçus et entassés les aliments, à mesure que l'animal les a, ou coupés directement dans la prairie, ou pris dans la crèche de son étable. La seconde prend le nom de *bonnet b* ; elle est plus petite et à parois gaufrés.

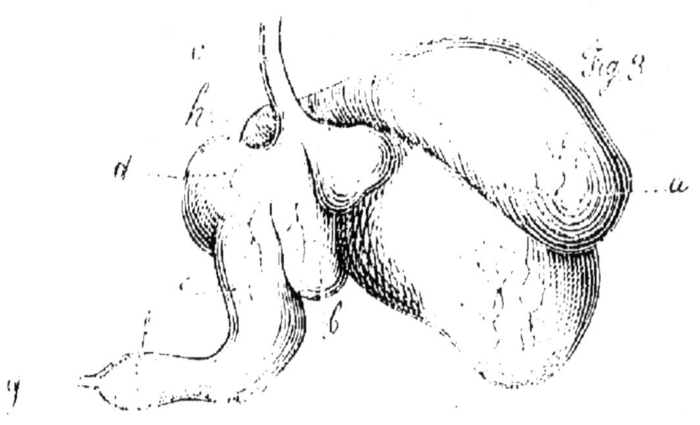

Les aliments, arrivés dans cette division, y sont moulés en petites pelotes que la rumination fait remonter dans la bouche, afin de les soumettre à une salivation et à une mastication véritables. Il est facile, en examinant un bœuf occupé à ruminer, de suivre à travers les téguments du cou, ces pelotes montant et descendant le long de l'œsophage, *c*. À leur retour dans l'estomac, c'est la troisième division de ce viscère qui les reçoit, c'est le *feuillet*, *d*, ainsi nommé à cause des plis longitudinaux, semblables aux feuillets d'un livre, qui tapissent son intérieur. Enfin, du feuillet, les aliments passent dans la *caillette*, *e*, dont les parois n'ont que des rides et produisent une liqueur analogue au suc gastrique. C'est là qu'a lieu la véritable digestion, et c'est la caillette qui fait rigoureusement les fonctions de l'estomac des autres mammifères. Après la caillette vient le *pylore*, *f*, et après le pylore le *duodenum*, *g*, ou commencement de l'intestin grêle.

Tous ces détails sont spéciaux aux aliments solides. Les autres, les boissons, passent directement dans le feuillet et dans la caillette, sans s'arrêter ni dans la panse, ni dans le bonnet.

« Au premier abord, on s'étonne de voir les aliments pénétrer tantôt dans la panse, tantôt dans le feuillet, suivant que la déglutition se fait pour la première fois, ou que ces substances ont été déjà ruminées, et on est tenté d'attribuer ce phénomène à une espèce de tact presque intelligent, dont les ouvertures de ces diverses poches seraient douées; mais les expériences de M. Flourens montrent que ce phénomène curieux est une conséquence nécessaire de la disposition anatomique des parties et en donnent une explication aussi simple que satisfaisante.

« Lorsque l'animal avale des aliments grossiers et d'un
certain volume, comme ceux dont il se nourrit habituellement, ces substances arrivées au point où l'œsophage
se continue sous la forme d'une *gouttière*, *h*, écartent
mécaniquement les bords de ce demi-canal, transformé
ordinairement en un tube par la contraction de ses parois,
et tombent dans les deux premiers estomacs placés au-
dessous; mais lorsque l'animal avale des boissons ou des
aliments atténués et demi-fluides, leur présence, dans ce
demi-canal, ne détermine pas l'écartement de ses bords.
Cette portion terminale de l'œsophage conserve par conséquent la forme d'un tube et conduit les aliments en totalité
ou en majeure partie dans le feuillet où elle se termine.
C'est par conséquent l'état d'ouverture ou d'occlusion de
cette portion de l'œsophage, qui détermine l'entrée des
aliments dans les deux premiers estomacs, ou leur passage dans la troisième cavité digestive, et c'est l'aliment
lui-même qui décide de cet état, selon qu'il est assez volumineux ou non, pour dilater l'œsophage, naturellement
affaissé, ou pour couler dans la rigole toujours ouverte,
par laquelle ce conduit mène vers le feuillet. Or, les aliments, lors de leur première déglutition, ne sont qu'im-
parfaitement divisés et consistent en fragments grossiers
assez volumineux; tandis qu'après avoir été ruminés, ils
sont transformés en une pâte molle et demi-fluide : et
cette circonstance suffit, par conséquent, pour déterminer leur chute dans la panse ou leur passage dans le
feuillet (1). »

(1) Milne Edwards, *Éléments de zoologie*, p. 129.

Ainsi, et comme premier résultat des phénomènes importants qu'elle doit assurer, la digestion, chez les animaux en général, et plus particulièrement chez les herbivores, objet particulier de notre attention en ce moment, fait deux parts principales des matières ou substances introduites dans leur estomac à titre d'aliments.

L'une de ces parts est rejetée hors du corps de l'animal, sans avoir en quelque sorte subi des changements : *c'est celle qui ne nourrit pas*, qui constitue les *excréments*.

L'autre est réservée pour subir encore l'action d'organes plus ou moins compliqués et destinés à en diviser et à en répartir les éléments dans le corps de l'animal et selon ses besoins : *c'est celle qui nourrit*.

Par opposition à la première, on pourrait donner à celle-ci le nom de *crément*, et c'est ainsi effectivement que la désignaient les anciens.

PREMIÈRE PARTIE

MATÉRIAUX OU SUBSTANCES DIVERSES CONSTITUANT LES FOURRAGES.

Nous avons vu que les fourrages se composaient de deux ordres bien distincts de matériaux :

Ceux qui ne nourrissent pas les animaux auxquels nous les donnons;

Ceux qui les nourrissent.

PREMIÈRE DIVISION

MATÉRIAUX OU SUBSTANCES QUI NE NOURRISSENT PAS

Cette première division des matériaux alimentaires, on le comprend sans peine, ne peut pas être la même pour les animaux de toutes les classes : tous ne se nourrissant pas des mêmes matières, tous n'en séparant pas les éléments de la même façon. Ainsi, grand nombre d'insectes se nourrissent de bois; le chien peut vivre avec des os; le porc trouve à s'engraisser d'une infinité de résidus abandonnés par les autres espèces, et même des excréments de certaines d'entr'elles; enfin, le bœuf et les autres herbivores puisent principalement dans l'herbe de nos champs de quoi satisfaire à leur développement considérable et à l'entretien de leur force.

Pour ces derniers, les herbivores en général, les seuls, nous l'avons déjà dit, dont nous ayons à nous occuper ici d'une manière toute spéciale, la matière dont ils ne se nourrissent pas, qu'ils séparent des autres principes avec lesquels elle se trouvait associée dans les fourrages, et qu'ils rejettent au dehors, — c'est celle à laquelle les physiologistes et les chimistes donnent les noms de ligneux, quand il s'agit des arbres; de fibre ligneuse, quand il s'agit de plantes herbacées; de parenchyme, quand il s'agit de fruits; ils la nomment aussi d'une manière plus générale, *cellulose*.

Selon M. Payen, le ligneux est cette substance dure, cassante, sans forme déterminée, déposée en couches plus ou moins épaisses et irrégulières dans les cellules allongées du tissu désigné également sous le nom de tissu ligneux, et constituant, dans les grands végétaux, dans les arbres, cette partie du bois qui, plus abondante dans le cœur que dans l'aubier, en accroît la densité et la solidité.

Le ligneux est insoluble dans l'eau froide et dans l'eau bouillante. Dès-lors, on comprend qu'il résiste à l'action de l'estomac des herbivores, même des herbivores ruminants. Ce qui prouve surtout ce dernier fait, c'est d'abord la quantité considérable, même d'une manière relative, d'excréments rendus par les animaux dont il s'agit; c'est, en second lieu, le moyen qu'indique M. Payen pour se procurer de la cellulose : moyen qui consiste à prendre cette substance dans les excréments des herbivores, « la digestion, dit-il, ayant dissous ou désuni les principes adhérents à la cellulose, sans détruire les portions fortement agrégées de celle-ci »

Si l'on veut agir plus directement et par des moyens chimiques, voici la méthode qu'il faut suivre :

On met de la sciure de bois vert en suspension dans de l'eau tiède pendant 24 heures, puis on filtre le liquide à travers une toile en exprimant bien la sciure. Cette sciure est ensuite successivement traitée, par l'eau bouillante, qui lui enlève l'albumine, le mucilage, la gomme, le tannin, etc.; par l'alcool, qui lui enlève la résine; par les acides étendus, qui lui enlèvent l'amidon; par les alcalis étendus, qui lui enlèvent la matière incrustante; enfin, par l'éther, qui lui enlève la matière grasse.

M. J. Girardin enseigne un moyen plus prompt : « Le papier blanc, dit-il, et le vieux linge blanc, épuisés par l'acide chlorhydrique faible, qui enlève les matières terreuses qui s'y trouvent constamment, donnent immédiatement du ligneux très-pur (1). »

La cellulose est ainsi composée, d'après Gay-Lussac et Thénard :

Carbone	43,80	
Hydrogène.	6,20	100
Oxigène.	50,00	

Une remarque qu'il peut être intéressant de consigner ici : c'est qu'il ne faudrait pas croire que toute cette matière, qui n'a fait que passer dans le corps de l'herbivore lui a été complètement inutile : c'est que surtout, il ne faudrait pas croire qu'on pourrait lui rendre service, en lui préparant une alimentation plus ou moins débarrassée de tout ce qui ne concourt pas directement à le nourrir.

____

1 *Chimie élémentaire.*

En créant les herbivores, la Providence n'a pas pensé
que l'industrie des hommes pourrait aller jusqu'à se char-
ger de l'une des opérations les plus importantes de leur
digestion. Or, s'il en était ainsi, pour ceux de ces animaux
soumis à l'état de domesticité, il arriverait que plusieurs
des organes de leur estomac resteraient sans emploi, et
qu'il y aurait ainsi pour eux, dérangement, souffrance,
maladie. De toute nécessité, et comme le disent les cultivateurs, il faut que ces animaux soient non-seulement
nourris, mais *lestés* ; il faut que leur estomac soit garni,
que toute sa capacité soit occupée, que toutes ses fonctions soient utilisées.

A cet égard, tout ce que l'on peut faire, c'est de dis-
poser, par des moyens divers, concassement, broiement,
cuisson, etc., les aliments distribués pour une digestion
plus rapide, plus complète, plus profitable.

C'est dans certains cas aussi, de chercher à augmenter
leur puissance nutritive, par l'adjonction de matières
qu'ils ne contenaient pas du tout, ou qui ne s'y trou-
vaient pas en quantités suffisantes.

SECONDE DIVISION

MATÉRIAUX OU SUBSTANCES QUI NOURRISSENT.

Les matériaux ou substances de cette seconde division
peuvent encore être répartis en trois parts principales.

Dans la première, se rangent les matériaux qui *nourrissent*, selon toute l'acception rigoureuse de ce mot ; qui
fournissent à l'animal les substances qu'il s'approprie,
qu'il s'assimile.

Dans la seconde, se rangent les matériaux qui *assaisonnent*; c'est-à-dire qui joignent aux premiers certaines conditions d'odeur, de goût, etc., propres à les faire rechercher par les animaux, à les leur rendre agréables et profitables.

Dans la troisième, enfin, sont des matériaux d'une nécessité moins absolue que les premiers sans doute et même que les seconds; mais dont l'absence continue néanmoins ne pourrait avoir lieu sans préjudice grave, et voilà pourquoi nous les qualifions de matériaux ou substances qui *complètent*.

ART. 1er

Matériaux ou substances qui nourrissent.

Les matériaux qui nourrissent, qui fournissent à l'animal ce que réclament, soit son développement s'il est encore en âge de croître, soit simplement son entretien s'il a dépassé cet âge, ne sont pas très-nombreux; ils comprennent : le *sucre*, la *gomme* ou *muqueux*, la *fécule* et le *gluten*.

Tous ces matériaux sont en outre connus sous le nom collectif de *principes immédiats des végétaux*, parce qu'effectivement, on les trouve tout formés dans leurs tissus : d'où il est possible de les extraire, par des opérations plus ou moins compliquées, ainsi que le fait l'industrie.

Examinons-les séparément, pour bien nous rendre compte de leur nature et de leurs propriétés.

§ 1. — Le Sucre.

Tout le monde connaît le sucre, tout le monde sait combien il est facile de distinguer cette substance, à son goût particulier et agréable ; enfin, tout le monde sait également combien elle est répandue dans un grand nombre de végétaux et principalement dans quelques-uns, d'où il est possible de l'extraire en grand et avec profit : comme la canne à sucre (*Saccharum officinarum*) qui en contient 17 à 18 pour cent, la betterave (*Beta vulgaris*) qui en contient 6 à 12 pour cent.

Les plantes de la grande famille des graminées, qui constituent, comme on sait, le fond des prairies naturelles, contiennent aussi du sucre dans des proportions variables ; mais presque toujours d'une constatation facile, par la seule appréciation du goût.

Il en est de même pour quelques autres plantes de la même famille servant à former des prairies artificielles : telles que le ray-gras (*Lolium perenne*), le maïs (*Zea maïs*). Enfin, il en est de même aussi pour un grand nombre de racines et de fruits servant à l'alimentation des animaux : tels que la carotte (*Daucus carotta*) qui en contient 7 à 8 pour cent, etc.

Parmi les sucres fournis par le règne végétal, les uns cristallisent et les autres ne cristallisent pas.

Le sucre de canne, de betterave, etc., sont dans ce premier cas ; le sucre de raisin est dans le second.

On obtient effectivement du sucre de canne de beaux prismes de quatre à six pans, par l'évaporation lente dans une étuve, d'un sirop composé de 20 grammes de sucre dissous dans 10 grammes d'eau.

Ce sont ces cristaux auxquels on donne le nom de *sucre candi*. Ils ont une grande dureté, sont très-cassants et peuvent être réduits en poudre fine.

Dans la préparation ordinaire du sucre par les raffineurs, cette cristallisation n'est plus la même. Troublée dans son accomplissement par les opérations diverses de cet art, elle prend une texture grenue et cristalline semblable à celle du marbre blanc. C'est la cristallisation confuse.

Le sucre de raisin et des fruits en général n'affecte pas de forme régulière et constante. Il se dépose en petits grains peu consistants qui donnent lieu, en se groupant, à une sorte d'efflorescence désignée sous le nom de *chou-fleur*.

A l'époque du blocus continental, Napoléon fit les plus grands efforts pour encourager le perfectionnement de ce sucre. Par décret du 18 juin 1810, il donna 100,000 fr. et la croix de la Légion-d'Honneur au chimiste Proust, auteur d'un moyen simple et pratique de l'isoler, et 40,000 fr. à un sieur Fouques, qui avait trouvé un procédé pour le blanchir. Mais ce fut en vain qu'il offrit 1,000,000 de francs à celui qui parviendrait à le faire cristalliser comme le sucre de canne : nul n'y put y parvenir.

Faisons remarquer ici la parfaite identité de tous les sucres cristallisables, qu'ils proviennent de la canne, de la betterave, de la carotte, etc. : « Tous ces sucres, dit Chaptal, sont rigoureusement de même nature et ne diffèrent en aucune manière lorsqu'on les a ramenées, par le raffinage, au même degré de pureté : le goût, la cristallisation, la couleur, la pesanteur sont absolument identiques, et l'on peut défier l'homme le plus habitué à juger ces produits ou à les consommer, de les distinguer l'un de l'autre (1). »

Le sucre est nourrissant, et voila pourquoi la nature l'a répandu avec tant de profusion dans le règne végétal. Pris en excès, il devient échauffant.

Toutefois, il ne faudrait pas croire qu'il pût suffire à lui seul à la nutrition d'un être vivant. Magendie, ayant soumis des chiens à ce seul régime, les vit mourir, après que leurs yeux se furent ulcérés et qu'ils fussent devenus extrêmement maigres. On a des exemples aussi de navires chargés de sucre et qui n'ont pu, faute de vivres, nourrir complètement leurs équipages avec cette denrée.

Dans les plantes fourragères le sucre est, en outre, un assaisonnement qui plaît au goût de tous les animaux, et leur fait rechercher avec empressement celles de ces plantes qui en contiennent.

Voici la composition chimique du sucre :

Carbone.	42,13	
Hydrogène.	6,47	100,00
Oxigène	51,40	

Détermination du Sucre. — Si le goût ne donne pas des indices assez certains, et c'est l'ordinaire à cause des autres substances également dissoutes par l'eau, il faut recourir à un essai qui se pratique ainsi :

Dans une petite capsule, dans un tube de verre fermé d'un bout, ou dans une cuiller de fer ou d'argent, on

---

(1) *Chimie appliquée à l'agriculture.*

3

met une portion du liquide sur lequel on veut agir ; on
y ajoute un peu de *Potasse caustique* ou *carbonatée* et quelques gouttes d'une solution de *Sulfate de cuivre ;* on met
sur le feu, et dès que le mélange entre en ébulition, on
le voit se colorer en *jaune* d'autant plus foncé, que la
proportion de sucre contenue était plus grande.

Pour plus de commodité encore, on peut faire usage
d'un réactif préparé d'avance, sous le nom de *liqueur de
Bareswil.* Quelques gouttes de cette liqueur, versées dans
le liquide à essayer, déterminent, dès le début de l'ébullition, l'indice que nous venons de signaler.

Voici un autre moyen : On dissout quelques gouttes de
fiel de bœuf dans une petite quantité d'eau, et on y ajoute
peu-à-peu de l'acide sulfurique, jusqu'à ce que le préci-
pité qui se forme d'abord se soit redissous. Si, à ce moment, on ajoute au liquide une goutte d'eau sucrée...,
il prend une belle colloration violette, pourvu cependant
que la température n'ait pas été trop élevée pendant l'addition de l'acide sulfurique (1).

§ II. — La Gomme ou le Muqueux

Cette substance, qui prend aussi, dans certains cas, le
nom de mucilage végétal, est encore généralement connue ;
souvent on la voit transsuder naturellement de quelques
arbres, comme le prunier. l'abricotier etc.(2)... Plusieurs

---

(1) D\` Stockhardt : *Chimie usuelle*.

(2) Deux arbres surtout fournissent la gomme du commerce, la
gomme dite *Arabique* : l'*Acacia vera* et l'*A. arabica*, qui croissent
en Arabie et sur les bords du Nil.

plantes fourragères en contiennent une certaine proportion ; mais c'est surtout dans leur jeunesse qu'elle s'y rencontre en plus grande abondance.

Selon le savant professeur Grognier, à mesure que ces plantes vieillissent, à mesure qu'elles se rapprochent du point de maturité indiqué pour les fourrages, le muqueux s'unit à d'autres substances plus nutritives et par conséquent plus précieuses : à la fécule, au sucre, etc.

On trouve aussi la gomme dans certaines graines : celle de lin, les pepins de coings, etc.... On la trouve dans certaines racines, comme celles de la guimauve (*Althœa officinalis*), où elle est très-abondante.

La gomme, qu'il serait possible quelquefois de confondre avec la résine, en diffère cependant d'une manière essentielle, en ce sens qu'elle se dissout dans l'eau et non dans l'alcool ; tandis que la résine, au contraire, se dissout dans l'alcool et non dans l'eau.

Considérée isolément et au seul point de vue qui nous occupe, la gomme, aussi bien que le mucilage, ne sont peut-être pas très-nourrissants, et leur rôle, dans l'alimentation, est aussi en grande partie médicamenteux : ils adoucissent, ils rafraîchissent, etc.....

Voici la composition chimique de la gomme :

Carbone.	42,30	
Hydrogène.	6,90	100,00
Oxigène.	50,80	

Détermination de la gomme. — Le réactif dont on fait usage pour précipiter cette substance des liquides dans lesquels elle est en solution, se nomme *sous-acétate de plomb.* « C'est, dit M. Girardin, un réactif très-utile aux chimistes, surtout à l'égard des principes immédiats qu'il précipite, pour la plupart, de leurs dissolutions en flocons abondants : tels sont la gomme, la matière colorante, le tannin, les matières extractives. »

On peut aussi faire usage de l'alcool. Ainsi, après avoir obtenu, par l'ébulition dans l'eau, la gomme que peut contenir une plante ou une partie de plante à essayer, il suffit de verser quelques gouttes de cette eau dans de l'alcool à 40° pour obtenir un trouble qui décèle la gomme.

§ III. — La Fécule.

La fécule, ou amidon, est une matière blanche et granuleuse qui forme la base de la farine et jouit de la propriété de pouvoir subir la fermentation panaire.

Il n'est pas de parties dans les plantes qui ne puissent renfermer de la fécule : les racines, les tubercules, les bulbes, les tiges, les feuilles, les fruits, en offrent en quantités variables d'ailleurs, selon l'espèce et l'âge de la plante. Elle s'y rencontre dans les cavités de leurs tissus, sous forme de petits grains blancs, brillants, d'aspect et de capacité différents selon les espèces, mais sans offrir aucune trace de cristallisation.

Les animaux digèrent très-facilement cette substance, qui les nourrit très-bien et concourt très-activement à la régénération de leur sang.

D'ailleurs, c'est toujours dans l'état d'association avec d'autres substances, souvent très-précieuses, que se rencontre la fécule : ainsi avec le gluten, dans le froment et autres graminées ; avec le sucre, dans la châtaigne ; avec de l'huile douce ou de l'albumine, dans les légumineuses.

Il faut dire aussi que cette même association n'est pas toujours aussi heureuse ; puisque, dans le marron d'Inde, elle a lieu avec un principe amer très-prononcé ; dans les racines d'Arum et de Bryone, avec un principe àcre et vénéneux ; dans celle du Manioc, avec de l'acide prussique, qui est, comme on sait, un poison des plus actifs. Ce sont ces derniers faits qui ont inspiré à l'illustre chimiste M. Thénard, cette réflexion : « C'est une chose fort » remarquable que, dans un grand nombre de plantes, » la fécule se trouve placée à côté d'un poison. »

Rien n'est plus facile que l'extraction de la fécule. C'est une opération toute mécanique qui se pratique ainsi, pour la pomme de terre, par exemple : on rape les tubercules, on divise leur pulpe dans l'eau, et on jette ce mélange sur un tamis. L'eau, en passant, a entraîné la fécule, que l'on obtient ensuite par la décantation et les lavages.

Voici la composition chimique de la fécule :

Carbone.	44,25	
Hydrogène	6,25	100.00
Oxigène.	49,50	

Détermination de la fécule. — Dans le liquide où l'on a fait bouillir soit la plante à l'état de foin, soit des tubercules ou racines réduits en tranches minces ou rapés, soit enfin de la farine obtenue des graines, avoine, maïs, fèves, etc., et après filtration, pour que l'indice soit plus précis, on verse quelques gouttes de *Teinture d'Iode*. A l'instant, la présence de la fécule est décélée par une couleur *bleue-violette* qui peut aller souvent jusqu'au noir.

§ IV. — Le Gluten.

Ce nom est appliqué à une matière que renferment principalement les graines des céréales, particulièrement celles du froment, et qui donne à ces graines la propriété de fournir une farine panifiable.

Pour se procurer du gluten, on fait une pâte épaisse avec de la farine de froment; on la malaxe entre les doigts avec précaution sous un filet d'eau claire. L'eau entraîne la fécule, dissout la gomme, le sucre, etc., et il reste dans les doigts le gluten.

Ainsi obtenu et isolément considéré, le gluten se présente sous forme de pâte collante quand elle est humide, d'un jaune grisâtre, molle, élastique, et presque totalement insoluble dans l'eau.

La composition chimique de cette matière la rapproche beaucoup des produits animaux, surtout par rapport à son pouvoir nutritif, et c'est là ce qui explique pourquoi les céréales qui en sont pourvues entrent partout pour une si large part dans l'alimentation des hommes (1). C'est aussi à cause de ce pouvoir nutritif que les chimistes l'ont nommée substance végéto-animale.

Il convient de remarquer encore, à l'égard du gluten, que cette propriété de nourrir est surtout son partage, quand il se trouve réuni aux autres principes alimentaires,

---

(1) D'après les expériences de Tessier, la proportion du gluten dans une même espèce de froment peut varier dans le rapport de 12 à 36 p. 100.

Le climat, la saison, le mode de culture, la nature du fumier surtout, sont les principales causes de cette variation

mais qu'il la perd en très-grande partie quand il est seul.
Voici sa composition chimique :

Carbone.	55,7	
Oxigène.	22,0	100.0
Hydrogène	7,8	
Azote.	14,5	

Détermination du gluten. — On vient de voir comment on peut extraire le gluten des céréales qui le contiennent, et notamment du froment.

Or, comme le gluten est très-abondant dans cette dernière espèce, il suffit encore, pour en constater la présence, de recourir à un moyen extrèmement simple : de mâcher avec précaution quelques grains de blé, en les humectant peu à peu avec la salive ; l'amidon se trouve entraîné et le gluten reste sous les dents, sous forme de pâte tenace et élastique (1).

ART. II.

Matériaux ou substances qui assaisonnent.

Quand le loup de la fable accoste le cheval mis au vert, dont il veut faire sa proie, il.....

Se dit écolier d'Hippocrate :
Qu'il connaît les vertus et les propriétés
De tous les simples de ces prés.

D'un autre côté, on a souvent répété qu'un botte de foin représentait toute une pharmacie. Cela est vrai, tant par

---

(1) M. E. Guéranger : *Leçons de chimie appliquée à l'agriculture,* p. 467.

rapport à la variété et à la valeur hygiénique des principes contenus dans les différentes plantes composant le foin, que par rapport à la variété des saveurs que chacune de ces plantes introduit dans le mélange commun : au grand avantage de l'animal, dont l'appétit se trouve ainsi constamment sollicité et la santé entretenue.

On comprend un tel arrangement, en songeant que ce même animal, providentiellement destiné à s'alimenter lui-même, devait ainsi trouver à sa portée tout ce qui lui était nécessaire. On comprend surtout pourquoi le foin proprement dit est le premier aliment des herbivores : celui dont ils ne se dégoûtent jamais, et qu'il est particulièrement essentiel de leur assurer. Enfin, on comprend encore pourquoi il devient opportun, indispensable souvent, pour l'entretien des animaux de nos étables, et plus particulièrement de ceux que nous voulons engraisser, de varier cette alimentation : c'est un moyen, nous l'avons dit, de maintenir leur appétit et de prévenir leurs dérangements.

Toutes les matières ou substances qui assaisonnent les aliments des herbivores ne trahissent pas directement leur présence par le goût : bien que la plupart, cependant, puissent être appréciées ainsi, et que leur action soit commune à la bouche et à l'estomac.

Dans cette classe, il faut principalement comprendre les produits immédiats désignés sous les noms d'acides, d'huiles essentielles, de principe amer, de tannin, de résine.

§ I. — Les acides

« Les *acides*, incapables de fournir aucun principe à l'assimilation, donnent cependant quelquefois aux matières alimentaires une saveur agréable et rafraichissante : c'est leur présence dans les fruits que nous mangeons l'été, qui les rend si fort de notre goût (1). »

Ces acides ont, dans le règne végétal, les mêmes propriétés que dans le règne minéral. Ainsi, ils forment des sels en s'unissant aux bases qu'ils peuvent rencontrer, et leur constatation chimique, comme nous le verrons, se fait, de part et d'autre, par les mêmes moyens.

Très-communs dans les plantes, les acides y varient cependant selon les diverses époques de leur végétation, et d'après les circonstances également diverses qui peuvent agir sur celle-ci. « Les végétaux exposés à l'ombre, ou qui croissent par des temps couverts, froids et pluvieux, ne transpirent point par les feuilles le gaz oxigène, dont la lumière solaire peut seule favoriser l'émission : l'acide carbonique qui est absorbé s'accumule dans les organes, et dès-lors les produits de la végétation prennent un caractère acide. La plupart des fruits qui ne sont pas parvenus à leur maturité sont aigres, etc. (2).

Ces paroles d'un illustre chimiste, nous donnent l'explication de plusieurs faits de culture d'une haute importance.

D'abord, nous comprenons pourquoi la végétation du printemps, venue sous un soleil encore tiède et indécis, est toujours acide.

D'un autre côté, comme les acides végétaux jouissent de la propriété laxative, nous comprenons encore pourquoi les fourrages de printemps, les *premières herbes* comme

---

(1) M. F. Vogéli : *Flore fourragère.*

(2) Chaptal : *Chimie appliquée à l'agriculture.*

on dit, nourrissent peu les animaux ; pourquoi ces fourrages les purgent ; pourquoi les vaches, à cette époque de l'année, donnent du lait clair et sans consistance.

Nous comprenons encore qu'il y a en tout cela une vue providentielle . et où n'en rencontre-t-on pas ? Échauffés, constipés, par le régime et par la nourriture d'hiver, les animaux ont besoin, en quelque sorte, de nettoyer et de rafraîchir leurs organes, avant de passer à l'alimentation substantielle et complète qui va leur être fournie. Or, la nourriture du printemps leur procure cet avantage : c'est une transition utile et heureuse, entre deux régimes différents.

Indépendamment de cette cause générale et transitoire de la présence des acides dans les végétaux, à certaines époques et sous certaines influences, il est, parmi ces derniers, des genres chez lesquels ce principe est toujours dominant. Mais aussi, comme cet excès pourrait être dangereux pour la santé des animaux, ces mêmes genres, parmi ceux qui constituent les fourrages en général, sont relativement très-peu nombreux (1).

Nous ne pouvons guère effectivement en citer que deux : celui des *Oxalis* et celui des *Rumex*.

Le premier est représenté dans nos contrées par la Surelle ou Alléluia *(O. corniculata)*. C'est une plante du même genre, l'oxalide oseille *(O. Acetosella)* de laquelle

---

(1) Comme les plantes acides exigent des terrains humides, aquatiques même, le foin des prés bas, dit un auteur cité, reçoit, dans plusieurs parties de la France, le nom de *foin aigre ;* et la quantité de plantes acides qu'il contient, rend cette définition parfaitement exacte.

on extrait l'acide oxalique, ou sel d'oseille. parce qu'il y est combiné avec une base, la potasse, pour former un oxalate de potasse.

Les Rumex y sont beaucoup plus nombreux. La *Flore bordelaise* décrit dix espèces de ce genre, parmi lesquelles deux surtout sont très-communes. La Patience (*R. patientia*); la Petite oseille (*R. acetosella*). Cette dernière fournit aussi de l'acide oxalique.

Toutes ces plantes viennent dans les pâturages et dans les prés, et, bien qu'on ne les y voie pas avec plaisir, elles ont cependant, on le comprend, une mission à y remplir et ne sauraient complètement y manquer sans inconvénient.

Chimiquement considéré, l'acide oxalique pur est ainsi composé :

$$
\left.
\begin{array}{lr}
\text{Carbone.} \dots\dots\dots\dots & 33,77 \\
\text{Oxigène.} \dots\dots\dots\dots & 66,23
\end{array}
\right\} \ 100,00.
$$

Dans cet état, il cristallise en prismes, longs, incolores, transparents et quadrilatères. Il a une saveur forte et piquante; son action sur le tourne-sol est vive et énergique. Il est inaltérable à l'air et soluble dans l'eau.

Détermination de l'acidité. Pour opérer cette détermination, chez une plante, il suffit d'en broyer une portion dans un mortier, avec un peu d'eau pure, et de tremper, dans ce mélange, un morceau de papier teint en bleu par le tournesol, simplement dit : *Papier de tournesol.* Ce papier, en passant au rouge, décèle la présence de l'acide.

§ II. — Les huiles essentielles.

« Les huiles essentielles ou volatiles... se forment dans les cellules arrondies ou, plus rarement oblongues, qu'on observe dans le tissu des feuilles et des écorces d'un grand nombre de plantes.... Dans toutes les familles qui en sont munies, ces cellules glandulaires étant remplies d'huile volatile ou essentielle, liquide, naturellement transparente, et étant placées dans un tissu peu épais, semblent de petites fenêtres également transparentes dont le tissu est criblé. » Enfin, le même auteur dit encore : « Les huiles essentielles ne se forment jamais que vers la surface des végétaux, surtout dans les parties foliacées ou corticales bien exposées au soleil ; aussi, les plantes des pays méridionaux et celles de nos pays, qui vivent dans les lieux exposés au soleil, en sont-elles plus abondamment pourvues que les autres (1). »

Les plantes, ainsi disposées, doivent à cette circonstance, une odeur forte et pénétrante, qui se décèle surtout

---

(1) De Candolle : *Physiologie végétale*, p. 287.

Nous avons, dans nos contrées, une plante qui nous offre tous ces phénomènes de la manière la plus complète : le Millepertuis (*Hypericum perforatum.*)

Le nom du genre et le nom spécifique seraient l'un et l'autre tirés de cet état particulier. Le premier, emprunté au grec et signifiant voir au-delà ; le second emprunté au latin et ayant une signification encore plus précise.

Quant au nom français, il vient d'une vieille expression de notre langue et signifie mille trous : dans ce genre, les feuilles de quelques espèces, dit M Laterrade, et notamment celles du *perforatum*, offrant beaucoup de petites glandes transparentes qui les font parai-

lorsqu'on les froisse sous les doigts. Au toucher également, on remarque que ces mêmes plantes ont leurs feuilles gommeuses et gluantes : circonstances qui résultent sans doute de l'écrasement des cellules dans lesquelles se trouve l'huile essentielle.

« Une même plante peut contenir deux essences toutes différentes : le réséda, par exemple a, dans ses fleurs, une essence d'une odeur très-agréable et si subtile qu'on ne l'a pas encore isolée, tandis qu'on trouve dans ses racines l'essence de moutarde. De même encore le volkaméria a, dans les feuilles, une huile fétide, tandis que celle des fleurs possède un délicieux parfum. L'essence des feuilles de l'oranger a une toute autre odeur que celle de ses fleurs, et celle-ci diffère encore plus de celle de ses fruits (1). »

Dans tous les cas, les huiles essentielles sont ordinairement en très-petites quantités dans les plantes où on les rencontre. C'est ainsi, par exemple, que 100 kilog. de

---

tre comme traversées d'un grand nombre de pores. Or, ces pores, parfaitement visibles quand on applique la feuille sur l'œil, ne sont autre chose que des réservoirs d'une huile essentielle, incolore, etc. On a une autre preuve de ce fait quand on froisse entre les doigts cette même feuille, elle exhale alors une odeur résineuse prononcée et sa saveur est amère, astringente et un peu salée.

Cette plante fait un mauvais fourrage vert ou sec. Elle n'a pas non plus les vertus médicales qu'on lui attribua longtemps; ni celle de s'opposer aux maléfices, d'où lui était venu le nom de *Chasse-diable*.

Une espèce que nous n'avons pas dans nos contrées, l'*Hypericum crispum*, aurait, en Sicile, la propriété de faire tomber la laine des *moutons blancs seulement* et même de leur causer la mort ?

(1) Dᵣ Saac, *Chimie agricole*, p. 252.

feuilles de roses, ne donnent guère que 16 à 20 grammes d'essence.

Ces plantes, que l'on qualifie aussi du nom de plantes aromatiques, existant dans nos prairies, n'y sont pas non plus très-nombreuses, et l'on conçoit qu'il ne pouvait en être autrement. Le but qu'elles ont à atteindre est, en dernière analyse très-borné, et il suffit, presque toujours, de leur simple contact avec les autres pour l'accomplissement de ce but.

Nous avons vu effectivement que les huiles essentielles résidaient principalement dans les feuilles. Que l'on mette la main dans le feuillage de ces plantes, qu'on les froisse avec les vêtements en passant auprès d'elles, cela suffit bien souvent pour en enlever et en retenir le parfum. On comprend dès-lors comment leur voisinage, leur agitation par le vent, leur mélange à la fauchaison, sont capables de répandre leur essence et d'en imprégner les autres herbes.

La plupart de ces plantes même sont repoussées par les herbivores, à cause de leur odeur et de leur goût trop prononcés et, sans doute aussi, du défaut de matériaux vraiment nourrissants et de la propriété qu'elles ont d'exciter vivement leur vitalité.

Trois genres principaux, de la famille des Labiées, représentent, dans nos pâturages et prairies naturelles, les plantes qui nous occupent. Ce sont les genres *Mentha*, *Salvia* et *Thymus*.

Le premier de ces genres nous offre principalement la Menthe aquatique (*M. aquatica*) et la M. pouliot (*M. pulegium*). Le second nous offre la Sauge des prés (*Salvia pratensis*) et la S. verveine (*S. verbenaca*). Le troisième

enfin y est assez souvent représenté par le Thym serpolet
(*Thymus serpillum.*)

Toutes ces plantes paraissent recéler, principalement
dans leurs feuilles, l'huile essentielle particulière à chacune d'elles. La présence de cette huile, nous l'avons dit,
se trahit immédiatement dès qu'on les froisse entre les
doigts ou qu'on les foule aux pieds, sur les terres ordinairement arides et rocailleuses qu'elles recherchent, surtout
les deux dernières.

Quelques-unes, et justement à cause de leur saveur et
de leur parfum prononcés, sont particulièrement du
goût de certains animaux, qui s'en nourrissent de préférence. On connaît le goût des lapins pour le thym ; on sait
combien leur chair acquiert de qualité par cette nourriture.
Plusieurs fois le fabuliste a rappelé le penchant prononcé
de ces paisibles animaux pour la plante dont il s'agit.
C'était pendant,

> Qu'il était allé faire à l'Aurore sa cour,
>   Parmi le thim et la rosée,

que Janot lapin perdit son gîte. Et, bien souvent encore,
quand ils tombent surpris et foudroyés par nos armes à
feu, c'est qu'en réalité ils

> S'égayaient, et de thim parfumaient leur banquet.

Mais il est une autre espèce, comprise aussi dans l'utile
et capitale famille des graminées et dans le genre Flouve,
à laquelle semble réservée la mission toute spéciale de
parfumer le foin ; de lui donner l'*odeur de thé,* qui le

distingue, quand il est de bonne qualité. Cette espèce, c'est la Flouve odorante (*Anthoxanthum odoratum*).

Dans son *Traité des graminées*, M. de Moor, rapporte le fait suivant, complètement démonstratif de l'influence salutaire de la Flouve sur la qualité du foin : « Un éleveur fit l'acquisition d'une partie de foin composé de bonnes graminées douces. Il le revendit quelques jours après avec un bénéfice considérable, après y avoir mêlé un peu de Flouve odorante qui y faisait totalement défaut, et qui avait été l'unique cause pour laquelle il s'était d'abord vendu au-dessous de sa valeur réelle. »

Il ne saurait être douteux, puisque telle est la règle générale pour toutes les plantes aromatiques, que celle-ci ne doive aussi ses précieuses propriétés à une huile essentielle. Mais il est aussi bien regrettable que la découverte et la constatation de cette huile, n'aient pas occupé les chimistes. Pour notre compte, au moins, nous ne connaissons aucun travail entrepris dans ce but.

Il y a cela de remarquable, principalement à l'égard de deux des genres qui viennent de nous occuper, ceux des menthes et des flouves, que les odeurs qui leurs sont particulières, au lieu de s'affaiblir par la dessiccation, se fortifient, au contraire, et acquièrent ainsi plus d'énergie.

Les chimistes divisent les huiles essentielles en deux grandes classes, selon qu'elles joignent ou non, au carbone et à l'hydrogène qui les constituent principalement, de l'oxigène.

Détermination des huiles essentielles. — L'odorat ne peut guère se tromper, relativement au parfum plus ou moins grand que répand une plante, soit spontanément, soit par le froissement de quelqu'une de ses parties, et, par conséquent aussi relativement à l'huile essentielle qu'elle peut renfermer. De son côté, la chimie a aussi, pour ces sortes de cas. des moyens très-précis, mais d'un emploi assez difficile.

En voici un tout-à-fait vulgaire, mais qui pourrait suffire à la pratique.

Si l'on broie, dans un mortier avec un peu d'eau, quelques feuilles de la plante à essayer et qu'on examine le mélange quelques heures après, on remarque, à la surface de cette eau, de *petites plaques à reflets métalliques*, produites par l'huile qui s'est dégagée de ses cellules et est venue à la surface du liquide, à cause de sa légèreté.

§ III. — Le principe amer.

Sous ce nom, on a longtemps désigné un produit de la végétation dont la présence se décèle par une amertume plus ou moins prononcée. Plus tard les chimistes ont constaté que ce produit avait pour base un alcali organique ; et de là aussi les noms de base végétale, ou d'*alcaloïde* qu'on lui donne aujourd'hui.

Dans plusieurs plantes, d'où l'on est parvenu à l'extraire, il constitue sous des noms divers, quelques-uns même devenus célèbres en matière criminelle, des poisons très-actifs. Ainsi, dans le tabac, la *nicotine* ; dans le pavot, la *morphine* ; dans la belladone, l'*atrophine* ; dans la cigue, la *conine* ; dans la digitale pourprée, la *digitaline*, etc.

Dans d'autres, au contraire, son principe est bienfaisant ; les arts le recherchent et les animaux sont heureux de le rencontrer, comme l'un des assaisonnements de leurs fourrages.

4

C'est pour son principe amer que le houblon (*Humulus lupulus*) est cultivé, et l'on voit souvent aussi les animaux, les vaches particulièrement, rechercher les feuilles et les cônes de cette plante, malgré cette grande amertume.

Dans les pâturages et prairies naturelles, les plantes amères que nous y rencontrons appartiennent principalement à la famille des rosacées et des composées : ce sont celles des genres *Sanguisorba*, *Poterium* et *Cichorium*.

Le premier de ces genres y compte la pimprenelle officinale (*Sanguisorba officinalis*); le second, la pimprenelle proprement dite (*Poterium sanguisorba*); le troisième, la chicorée (*Cichorium intibus*).

Le principe amer ne nourrit pas, mais il donne de la force à l'estomac, relève et entretient l'énergie de cet organe. Aussi les plantes qui le contiennent sont-elles dites stomachiques et apéritives.

Sa composition admet quatre éléments : le carbone, l'hydrogène, l'oxigène et l'azote.

Détermination du principe amer.

Le goût est toujours suffisant pour cette détermination : froisser et mâcher les plantes, sont des moyens sûrs et faciles de s'assurer de sa présence.

Toutefois, comme le tannin précipite presque toutes les bases organiques de leurs dissolations, en formant avec elles des combinaisons insolubles, « aussi emploie-t-on souvent une infusion de noix de galle, de thé vert ou d'écorce de chêne, non-seulement comme réactif, pour déceler la présence de ces alcaloïdes, mais encore comme *antidote*, quand ils ont produit l'empoisonnement (1). »

____

(1) Dr Stockhardt : *Chimie usuelle*, p. 449.

§ IV. — Le Tannin

« Le *tannin* est également impropre à la nutrition ; cependant c'est un assaisonnement fort goûté des herbivores,
qui paient souvent de leur santé et de leur vie leur goût
pour ce principe. Abondant au Printemps, dans les jeunes
pousses de chêne et de quelques autres arbres, les animaux qui paissent en liberté, mangent ces pousses avec
tant d'avidité, qu'ils contractent assez souvent, à la suite
de cet usage immodéré, une gastrite nommée, dans les
campagnes, *mal de brou* ou *de bois* (1). »

Le tannin resserre les tissus.

Pour les chimistes, le tannin est aujourd'hui un acide,
acide tannique, à cause de la propriété qu'il a de s'unir
aux bases pour faire des sels, des tannates.

On le trouve tout formé, principalement dans l'écorce
de plusieurs végétaux et surtout dans celles du chêne, du
châtaignier, du sumac, etc... Les feuilles de ces mêmes
arbres, souvent mangées par les animaux, en recèlent
aussi. Parmi les herbacées, sa présence est signalée dans
les rhizomes de la fougère mâle (*Aspidium filix-mas*).

Ce produit de la végétation est ainsi composé :

Carbone	51,40.	
Hydrogène	3.50.	100,00.
Oxigène	45,40.	

Détermination du tannin.

La présence du tannin se décèle par un goût particulier que
on désigne sous le nom de goût *astringent* ou *styptique*.

---

(1) M. F. Vogeli : *Flore fourragère.*

Cependant pour avoir la certitude de la présence ⟨
cette substance dans une matière végétale, il suffit, après
en avoir broyé et fait bouillir dans de l'eau une portion
après avoir laissé refroidir et avoir filtré la liqueur, d⟨
verser quelques gouttes d'un sel de fer, du *Péroxide* ⟨
fer : s'il y a du tannin, cette liqueur noircit aussitôt.

§ V. — La Résine.

« La *résine* est un principe que tout le monde connaît
il se rencontre dans l'écorce de l'orge et de l'avoine qu'
rend toniques. Aussi, ces aliments nourrissent-ils plus ⟨
moins bien, selon qu'ils sont dépouillés de leur tégumen⟨
On trouve aussi de la résine dans la racine de carotte (1)

La chimie moderne regarde la résine en général comm⟨
une huile essentielle épaissie et assure que l'on peut ⟨
rencontrer dans toutes les plantes et dans presque tout⟨
les parties de ces plantes.

Les résines sont en très-grand nombre et nous connaî⟨
sons, dans nos contrées, surtout celle du pin' maritin⟨
(*Pinus maritima*). Beaucoup ont une saveur âcre ⟨
amère, chaude et brûlante. Beaucoup aussi ont une ode⟨
très-développée : agréable, comme le benjoin que l'⟨
extrait du *Styrax benzoin,* arbre des îles de la Sonde ; ⟨
repoussante, comme l'*Assa-fœtida* que fournit une plan⟨
de la Perse nommée en botanique *Ferula assa-fœtida* e⟨
par les anciens, *fiente du diable.*

Nous avons déjà dit que, bien qu'assez semblables d'a⟨
pect dans un grand nombre de cas, il était facile cepe⟨
dant de distinguer les résines des gommes, à cette ci⟨

____

(1) M Vogell : *Flore fourragère.*

constance que les résines sont solubles dans l'alcool et insolubles dans l'eau ; tandis que les gommes sont solubles dans l'eau et insolubles dans l'alcool.

Malgré son abondance, et sans doute sa nécessité pour l'alimentation des herbivores, la résine ne nous paraît pas cependant être le partage spécial d'aucune plante fourragère proprement dite. Nous savons seulement que les troupeaux de nos landes mangent, à l'hiver et au printemps, les jeunes pins, et qu'il est nécessaire, pendant un certain nombre d'années, de les éloigner des semis qu'ils détruiraient complètement.

Voici la composition chimique de la résine du pin :

$$
\left.
\begin{array}{lr}
\text{Carbone.} & 75,944 \\
\text{Oxigène.} & 13,337 \\
\text{Hydrogène.} & 10,719
\end{array}
\right\} \ 100.000
$$

Détermination de la résine.

Cette détermination est facile, là où ce produit existe dans une certaine abondance. Elle est basée sur sa solubilité dans l'alcool et son insolubilité dans l'eau.

« Si, à une température modérée, on met en digestion pendant un jour, dans l'alcool fort (à 40°), du bois imprégné de résine, celle-ci se dissout dans l'alcool, tandis que le bois reste insoluble. La solution alcoolique, versée dans une grande quantité d'eau, se trouble et devient laiteuse, parce que la résine est insoluble dans l'eau ; elle s'en sépare dans un grand état de division et y reste en suspension. Il suffit de porter le liquide à l'ébulition pour en retirer facilement la résine, qui s'agglomère en petits globules (1). »

---

(1) Dr Stockardt : *Chimie usuelle*, etc., p. 427.

ARTICLE III.

Matériaux ou substances qui complètent.

Indépendamment de tout ce que nous venons de signaler, dans les produits des végétaux composant les fourrages, il y a encore des matériaux dits *principes inorganiques* ou *minéraux*, variables en quantité et en qualité, et que nous retrouvons dans leur résidu connu sous le nom de cendre, quand nous les brûlons.

Ces principes sont indispensables aux végétaux en général, qui les tirent de la terre, et chez lesquels ils jouent le même rôle que chez les animaux : ils entrent dans la composition de leurs parties solides.

Quand nous usons de ces végétaux comme fourrages, ils ont aussi une haute utilité ; parce qu'ils apportent de la sorte, aux individus qui s'en nourrissent, ce que réclame leur système osseux pour se constituer ou pour s'entretenir. Or, « pour les animaux en pleine croissance, il ne faut pas négliger de s'assurer si le régime substantiel qui leur est administré est en outre capable de nourrir le système osseux (1). »

Après ces remarquables paroles, l'auteur à qui nous les empruntons, examinant l'influence directe que peut avoir la matière inorganique des fourrages, soit sur la modification des races en général, soit sur celle des individus en particulier, arrive à formuler cette autre pensée, non moins digne d'attention : « On trouvera probablement un

---

(1) M. J.-B. Boussingault : *Économie rurale*, t. II, p. 456.

our, que l'art de Backwel s'explique par la composition
es cendres des fourrages (1). »

Au reste, il pourrait bien se faire également que l'ac-
ion des substances inorganiques sur la nutrition fût plus
immédiate encore ; ainsi que tendrait à le prouver le dérangement tout particulier qui atteint les ruminants dans
les landes, dans la contrée où les fourrages ne peuvent leur
offrir la chaux dont le sol est absolument dépourvu (2).

Toutes les plantes contiennent des principes minéraux,
car toutes, en brûlant, abandonnent de la cendre ; mais
toutes n'en contiennent pas la même quantité, ni les

---

(1) On sait que Backwell a été un des plus célèbres éleveurs anglais.
Il fut, dit sir John Sinclair, le père du système amélioré de l'éduca-
tion du bétail ; c'était un homme doué d'une grande force d'esprit, et un excellent juge du bétail. »

« La race des bêtes à cornes, dit à son tour M. Grognier, qu'il
créa pour la boucherie, se distingue par la petitesse des os, le gros
volume des chairs, la rondeur du corps en forme de barril, la
brièveté des jambes ; d'après cette conformation, elle s'engraisse
plus parfaitement et avec plus d'économie. Ce n'est pas tout : il
parvint à procurer un développement extraordinaire aux parties du
corps les plus savoureuses, les plus recherchées, en y dirigeant
l'afflux de la nourriture par des lotions et des frictions habilement
appliquées ; c'est ainsi qu'il réussit à augmenter le volume des
muscles lombaires et dorseaux, qui forment ce que nous appelons
le filet, etc. »

(2) « Les animaux atteints de ce dérangement, dit M. le professeur P.-B. Gellée (*Pathologie bovine*), dévorent le bois sec et
pourri, et surtout le linge qui se trouve à leur portée ; ils ont le
même goût pour les plâtres, les cuirs, ils lèchent les murs ; ils
appètent tout ce qui est absorbant et salé. »
Voir, au surplus, *L'Agriculture*, année 1855, p. 17.

mêmes espèces. Toutes non plus n'offrent pas , dans toutes leurs parties, des quantités égales de cendres.

La principale circonstance qui paraît faire varier ces quantités, aussi bien d'espèce à espèce, que d'organe à organe chez le même individu, c'est la transpiration. « La quantité de sels terreux ou alcalins, fait observer de Candolle, qu'on trouve dans les végétaux divers ou dans les organes différents d'un même végétal, est sensiblement proportionnelle à la force de succion et à l'intensité de l'évaporation. »

Comparés entre eux, il reste prouvé que les herbes donnent, relativement, plus de cendre que les arbres. Il reste prouvé aussi que cette proportion est généralement plus grande dans les feuilles, moindre dans l'écorce, moindre dans l'aubier, moindre dans le bois fait.

En voici des exemples :

Sur 1,000 parties de matière sèche, on a obtenu en cendre :

Du bois de peuplier . . . .   8 millièmes.
De l'écorce du même. . . .   72
Des feuilles du même. . . .   93
Du foin de prairie.   90

La raison pour laquelle les feuilles abondent en cendre, s'explique par le mode d'existence particulier aux végétaux, par les lois de la physiologie végétale. Les feuilles sont les organes principaux de la transpiration des plantes; par conséquent, c'est dans leur tissu que sont immédiatement déposés et que se fixent en grande partie les sels terreux que la sève tenait en dissolution. Aussi, ces organes finissent-ils par s'encombrer de ces sels, leurs pores

nissent par s'oblitérer : d'où, pour les arbres à feuilles
caduques, le dessèchement, le renouvellement de leurs
feuilles tous les ans, et, pour les arbres à feuilles persis-
antes, les arbres verts, ce renouvellement aussi successivement.

Les cendres sont généralement composées :

1° De carbonates de potasse et de soude ;

2° De sulfates, de chlorhydrates de potasse et de soude ;

3° De carbonate et de phosphate de chaux ;

4° D'oxides de fer et de manganèse ;

5° De silice et de traces d'alumine.

Parmi ces composés divers :

Sont solubles dans l'eau : les carbonates de potasse et
de soude. Les sulfates et chlorhydrates des mêmes bases.

Sont solubles dans l'acide chlorydrique étendu : le carbonate et le phosphate de chaux. L'oxide de fer et de
manganèse.

Sont insolubles dans ces deux liquides : la silice et l'a-
lumine.

Toutes les matières que nous venons de désigner sont
loin d'entrer dans les cendres dans les mêmes proportions.
Certaines même y dominent tellement les autres, qu'on
peut s'en tenir à celles-là seulement pour l'appréciation
de la qualité des cendres : tels sont les sels de potasse et
de chaux.

Toutes non plus, au point de vue qui nous occupe, sont
loin d'avoir la même valeur, et ici encore ce sont les sels
de chaux qui occupent le premier rang. La chaux combinée
avec l'acide phosphorique notamment, constitue presque
à elle seule les os des animaux. « On ne voit, dit M. le
D Sacc, les os se former que lorsqu'on donne aux ani-

maux des sels calcaires avec leur nourriture. Sans eux, les os restent gélatineux, et l'animal ne tarde pas à périr (1). »

« Pour qu'une plante puisse être réputée nutritive, dit encore un autre chimiste, il faut qu'elle contienne des acides hydrochlorique, phosphorique et sulfurique, de la soude, de la potasse, de la chaux, de la magnésie, de la silice, de l'alumine, du fer et du manganèse : car nous trouvons ces matières dans le corps des animaux : et, comme ces derniers sont surtout très-riches en sel commun et en phosphate de chaux, il est clair qu'une plante qui en possède aussi en assez grande quantité est excellente comme fourrage ; aussi, n'ai-je jamais manqué de réduire en cendres celles dont j'ai fait l'examen, et d'en soumettre le résidu à une analyse très-exacte (2). »

Production de la cendre et détermination des substances qu'elle contient.

Pour obtenir la cendre sur laquelle on veut agir, il y a encore quelques précautions à prendre. Si l'on se bornai à brûler la plante et à ramasser cette cendre, on aurai beaucoup de charbon capable de passer au travers du tamis le plus fin, et la matière tout entière serait d'un noir plus ou moins foncé. Après cette première opération, il fau mettre la cendre dans un creuset ou sur une pelle à feu porter au rouge, et remuer tant qu'il se montre quelques points noirs. Ce n'est qu'après avoir agi ainsi qu'on obtien

(1) *Principes élémentaires de chimie agricole.*

(2) *Travaux chimico-agricoles* de M. Sprenger. (*Annales de Roville*, t. VIII.)

enfin cette poudre fine , homogène , et se rapprochant plus ou moins de la couleur dite *couleur de cendre*. Quelquefois aussi la grande abondance des sels de potasse rend la cendre gommeuse , et l'empêche de prendre la couleur gris-clair qui annonce qu'il n'y a plus , dans son mélange , de matières charbonneuse. Alors , il faut suspendre l'opération , laver le mélange avec de l'eau de pluie , sécher et recommencer à brûler.

Nous venons de voir que , dans la cendre , les sels qui dominent et dont il est essentiel d'apprécier l'importance relative , sont ceux à base de potasse et ceux à base de chaux : c'est-à-dire le carbonate de potasse (1); le carbonate et le phosphate de chaux.

C'est sur cette solubilité d'une part et cette insolubilité de l'autre , qu'est basée l'opération au moyen de laquelle on peut arriver à séparer ces deux substances différentes et à les doser.

Voici cette opération :

On prend 2 grammes de la cendre à essayer ; on la met dans un petit matras de verre , ou fiole à médecine ; on ajoute un peu d'eau de pluie , de manière que la cendre en soit recouverte de l'épaisseur d'un travers de doigt ; on fait bouillir pendant quelques minutes ; on laisse refroidir ; on décante avec soin l'eau devenue claire ; on en ajoute de

---

(1) Au carbonate de potasse, nous devrions joindre encore celui de soude, qui est également soluble dans l'eau , et qui peut, quelquefois, être assez abondant. Mais cette abondance n'a lieu que pour les plantes marines, et principalement pour celles des genres *Salsola* et *Salicornia*, desquelles on extrait cette substance, et qui sont sans emploi comme fourrage.

nouvelle pour bien laver et décanter encore deux ou trois fois.

Dans l'eau d'ébullition et de lavage, se trouve principalement la potasse qui a été dissoute. Ce fait peut être prouvé de deux manières après filtration de cette eau :

1° Par le *papier jaune de curcuma*, qui *rougit* dès qu'on le plonge dans le liquide, comme cela a toujours lieu au contact des alcalis ;

2° Par l'addition du *bichlorure de platine*, qui colore ce même liquide en *jaune serin*.

La matière non dissoute, après dessiccation complète, est pesée. Ce qui manque pour faire de nouveau les deux grammes, sur lesquels on a agi, représente la portion dissoute, principalement la potasse. Ce qui reste, ce qui est accusé par la balance, représente la portion non dissoute, principalement la chaux.

La nature de cette dernière substance est démontrée par le contact de l'acide chlorhydrique, qui détermine une effervescence et dissout presque tout le résidu.

Le carbonate de chaux se transforme en chlorhydrate de chaux, sel soluble dans l'eau, Le phosphate de chaux est aussi dissous, mais sans changer de nature. L'oxide de fer a également été dissous.

Si l'on tenait à séparer ces trois substances et à les obtenir isolément, ce qui deviendrait un véritable travail de laboratoire, on pourrait agir comme nous l'indiquons dans notre *Étude des terres arables*, p. 104, 116, 118.

Si l'on voulait seulement constater leur présence, on y arriverait facilement :

Pour la chaux, en versant dans la liqueur quelques gouttes d'*oxalate d'ammoniaque*, le trouble qui se produirait et le dépôt qui le suivrait bientôt, seraient des indices certains de sa présence.

Pour l'oxide de fer, en versant quelques gouttes de *prussiate de potasse*, la teinte bleue intense que l'on obtiendrait immédiatement, serait le signe également certain de la présence du fer.

Mais ici encore, il est bien suffisant de procéder comme on l'a déjà fait une première fois pour les sels solubles dans l'eau : de laver ce second dépôt, de le sécher et de le peser. Le poids qu'il a perdu donne la proportion de la chaux qu'il contenait et de l'oxide de fer qui pouvait s'y trouver mêlé, toujours en quantité bien réduite.

Enfin, on peut encore connaître la quantité de la matière qui résiste à l'acide et forme un dernier dépôt. Pour cela, il suffit également de laver ce dépôt, de le faire sécher et de le peser : cette matière est principalement de la silice, quelques traces d'alumine, de magnésie et du charbon en poudre très-fine.

Voici, sur tous ces points, les résultats de quelques opérations :

Gram.	Cendre.	Couleur.	Potasse.	Chaux.	Résidu.	Indice du fer.
2	de foin,	gris-brun..	0,60	0,90	0,50	Apparent.
2	de feuile d'ormeau,	gris-foncé.	0,10	0,48	1,42	Peu apparent.
2	de trèfle,	gris-clair..	0,45	1,30	0,25	Très-apparent
2	de feuille de maïs,	gris-blanc.	0,40	0,90	0,70	*Id.*
2	de paille de riz,	gris-noir..	0,20	0,00	1,80	*Id.*

On voit, par les résultats ci-dessus, qu'il ne faut accepter du reste que comme indices, malgré tout le soin que nous avons pu mettre à les obtenir, comment on peut arriver à des indications précieuses, en ce qui touche à un point fort essentiel de la composition des fourrages et de leur action sur l'économie animale.

ARTICLE IV

Récapitulation des trois ordres de matériaux ou substances que doivent réunir les fourrages en général, et indication de leurs sources pricipales.

En énumérant les trois ordres de matériaux ou substances que doivent réunir les fourrages en général, c'est-à-dire ceux qui nourrissent, ceux qui assaisonnent, ceux qui complètent, nous en avons déja signalé les sources principales. En revenant ici sur ce même sujet, notre intention est non de reproduire, mais plutôt de rappeller, ce que nous avons déjà dit : d'y ajouter quelque nouveaux détails, et de présenter ainsi une indication complète des sources où puise la nature pour assurer l'existence des animaux herbivores : existence qui est la condition première de celle des espèces se nourrissant de chair, des carnivores, et en particulier de l'espèce humaine.

L'idée de considérer une prairie naturelle comme réunissant tout ce qui est nécessaire à l'alimentation des animaux, à leur état hygiénique et à la guérison de leurs dérangements passagers, n'est certes pas nouvelle. Elle a dû venir à tous ceux qui ont examiné avec soin cette réunion de plantes, en apparence disposées sans ordre et sans logique, et cependant si bien assorties, si heureusement variées, si convenablement pourvues de sucs divers, qu'on ne peut s'empêcher d'y voir un plan sagement conçu, habilement exécuté, et de reconnaître qu'effectivement rien n'échappe à la prévoyante bonté du Créateur !

Là , vous allez choisir ces plantes qu'au hasard
La nature produit sans le secours de l'art;
Pleines de sucs heureux, simples et bienfaisantes,
Qui, s'élevant sans vous, de leurs vertus puissantes
Soutiennent chaque jour la fragile santé,
Et détruisent des maux le venin redouté.

(Rosset , L'Agriculture).

Dans l'alimentation artificielle, dans celle que commande l'état de domesticité plus ou moins complet où vivent les animaux de nos étables, les bénéfices de cet arrangement naturel peuvent leur manquer quelquefois, surtout par rapport aux substances destinées à assaisonner, à aromatiser leurs aliments; mais celles de ces substances qui doivent les nourrir, partout nous les trouvons dominantes, quelquefois même trop dominantes et trop peu variées.

Et, quant à la réunion, à la combinaison, à l'harmonisation que nous venons d'admirer dans la nature, les pâturages nous les offrent encore, ainsi que nos prairies dites *naturelles*, parce qu'elles sont une imitation de cette nature : soit que les animaux aillent y paître, soit qu'elles nous fournissent le foin, le plus complet, le plus précieux, le plus normal de leurs aliments.

Hors ces cas, il n'est pas rare de voir ces animaux rechercher et trouver la plante ou la feuille dont ils ont besoin et qu'exige l'état de leur estomac; comme on voit le chien distinguer, dans une prairie, l'*Agrostis canina*, avec lequel il se purge.

A. *Substances qui nourrissent.*

Ces substances, nous l'avons déja dit, sont principalement au nombre de quatre : le *sucre*, la *gomme*, la *fécule*, le *gluten*, et les plantes, graines, fruits, racines ou tu-bercules dans lesquels on les trouve, ont dès longtemps fixé l'attention de la pratique agricole.

Comme nous ne pourrions ici, vu le grand nombre de ces plantes, les citer toutes, ni par espèces, ni même par genres, nous nous bornerons à les signaler par familles naturelles, sauf à inscrire, dans une colonne du tableau ci-après, et autant que possible, les noms des genres les plus importants et les plus remarquables au point de vue signalé.

On comprendra sans peine qu'après la première colonne, dans laquelle sont inscrits les noms des familles naturelles, la seconde, la troisième, la quatrième et la cinquième donnent l'indication des parties de la plante dans lesquel-les se rencontrent les substances inscrites à leur sommet : sucre, gomme, fécule, gluten.

FAMILLES NATURELLES	Sucre	Gomme	Fécule	Gluten	GENRES PRINCIPAUX
GRAMINÉES. . .	Tiges, feuilles	—	Graines.	Graines.	Avoine, Orge, Maïs, Paturin, Agrostis, Dactyle, Fétuque, Canche, Brôme, Ivraie, etc.
CHÉNOPODÉES .	Racines.	—	—	—	Betterave.
CORYMBIFÈRES.	Tubercules.	—	—	—	Topinambour.
CUCURBITACÉES	Fruit.	—	—	—	Citrouille.
LÉGUMINEUSES.	Tiges, feuilles	Tiges, feuilles	Graines	—	Luzerne, Trèfle, Sainfoin, Vesce, Pois, Lupuline, Lotier, &
OMBELLIFÈRES.	Racines.	Tiges, feuilles	—	—	Carotte, Panais, grand et petit Boucage, Branc-Ursine, etc.
CRUCIFÈRES.. .	Racines.	—	Feuilles.	—	Rave, Chou, Cardamine, etc.
SOLANÉES. . . .	—	—	Tubercules.	—	Pomme de terre.

B. *Substances qui assaisonnent*.

On se rappelle aussi que ces substances sont au nombre de cinq : les *acides*, les *huiles essentielles*, le *principe amer*, le *tanin*, la *résine*.

Voici les principales familles des plantes chargées de les assurer aux fourrages, sinon toujours, au moins de les offrir aux animaux lorsque ceux-ci sont dans la nécessité et ont la liberté de les rechercher :

FAMILLES NATURELLES	ACIDES	HUILES ESSENTIELL.	PRINCIPE AMER	TANIN	RÉSINE	GENRES PRINCIPAUX
Oxalidées. Polygon.	Feuilles, tiges.	—	—	—	—	Oxalide, Oseille.
Ombellifères	Feuilles, tiges.	—	—	—	—	Boucage.
Labiées.	—	Feuilles, tiges. Fleur, chaume.	—	—	—	Menthe, Sauge, Thym.
Graminées.	—		—	—	—	Flouve.
Rosacées. Composées	—	—	Feuilles, tiges. Cônes.	—	—	Pimprenelle, Millefeuille, Centaurée, Chicorée.
Urticées.	—	—		—	—	Houblon.
Cupulifères.	—	—	—	Feuilles, écorces	—	Chêne, Châtaignier.
Térébinthacées . . .	—	—	—		—	Sumac.
Scrophulariacées . .	—	—	—	Feuilles, écorces.	—	Mélampyre.
Conifères. Légumin.	—	—	—	—	Feuilles.	Pin, Genêt.
Graminées.	—	—	—	—	Graines.	Avoine, Orge.

C. *Substances qui complètent.*

On a vu, encore ci-dessus, que ces substances peuvent être assez nombreuses, mais qu'il était possible aussi d'en réduire le nombre en se bornant aux principales ; à celles qui doivent être ainsi considérées, à cause de leur qualité relative et à cause aussi de leur utilité reconnue.

On peut effectivement se borner, nous le croyons au moins, à citer, comme substances, comme matières minérales complétant les fourrages, au point de vue de leur valeur nutritive et par rapport aux considérations déjà développées, la *potasse*, la *chaux*, la *silice* et le *fer*.

La potasse se rencontre en grande proportion dans la cendre des légumineuses en général ; dans celle de la pomme de terre, de la rave, de la betterave, du topinambour, etc.....

La chaux est aussi abondante dans la cendre des légumineuses, dans celle de certaines crucifères telle que la rave.

La silice domine dans la cendre des graminées, des pailles qu'elles forment.

Le fer se trouve dans presque toutes les cendres ; on le signale surtout dans celles du sarrazin, du topinambour, de la betterave, de quelques plantes des prairies, telle la millefeuilles, le plantain, le pissenlit, la paquerette, etc...

DEUXIÈME PARTIE

APPRÉCIATION DE LA VALEUR NUTRITIVE DES FOURRAGES

Nous avons dit que, sous le nom de fourrage, on com-renait toutes les matières alimentaires données aux her-ivores. Ces matières, d'ailleurs très-nombreuses, ne euvent pas toujours leur être fournies sous la même orme, et, à ce point de vue encore, il est facile de répar-ir les fourrages en trois grandes catégories principales.

1° Les fourrages formés de tiges et feuilles des plantes; eux auxquels on donne particulièrement le nom de *foin* ;
2° Les fourrages formés de racines, tubercules ou fruits;
3° Les fourrages formés de graines.

ARTICLE Ier

Manière d'apprécier la valeur nutritive des fourrages formés de tiges et de feuilles.

Pour arriver à l'appréciation de la valeur de ces sortes e fourrages et de tous les fourrages en général, la chimie roprement dite emploie des procédés qui présentent une rande précision, et qui sont basés sur le dosage de l'azote ontenu. On sait que l'azote étant considéré comme le rincipe essentiellement nutritif, tant des animaux que des plantes, il a été possible, par ce moyen, de dresser des tables indiquant la valeur des matières employées, aussi bien comme aliments que comme engrais.

Pour signaler simplement la présence de l'azote dans une matière végétale, le procédé à employer est facile (1); mais pour arriver au dosage de cet azote, les difficultés sont beaucoup plus grandes, et cela devient tout-à-fait une opération de laboratoire.

Heureusement, il est d'autres moyens auxquels on peut avoir recours. Si l'on réfléchit, en effet, à ce que nous avons dit ci-dessus, touchant la séparation que fait l'estomac des herbivores des matières prises comme aliments; si l'on se souvient que les unes, celles que cet estomac peut attaquer et dissoudre, sont retenues, et que les autres, celles sur lesquelles il ne peut exercer cet effet, sont rejetées, on comprendra qu'il pourrait être possible peut-être, de rencontrer un agent capable d'opérer cette double action, et capable aussi de nous en donner la mesure, dans les différentes plantes employées comme fourrage.

Or, cet agent est bien facile à rencontrer : c'est l'eau, ce grand dissolvant de tant de substances; c'est l'eau, portée à l'ébulition et facilitée d'ailleurs, dans l'effet qu'elle

---

(1) « Pour constater la présence de l'*azote* dans une matière végé-
» tale, il suffit d'en chauffer, dans un petit tube de verre, une petite
» quantité, après l'avoir préalablement mélangée avec de la *chaux*
» *vive*, ou, mieux encore, avec de la *potasse*. Il se dégage bientôt
» de l'*ammoniaque* (combinaison d'*azote* et d'*hydrogène*), dont la
» présence dans le tube est facile à constater, à l'aide d'un petit mor-
» ceau de papier enduit de teinture de tournesol, faiblement rougi par
» de l'eau vinaigrée. » (M. ISIDORE PIERRE : *Chimie agricole*, p. 47).
Au contact de l'ammoniaque, ce papier reprend sa couleur Bleue.

doit déterminer, par le broiement préalable et la division des matières sur lesquelles on veut la faire agir.

Un auteur des plus recommandables, après avoir procédé de la sorte, sur la plupart des plantes composant le foin, ajoute : « Les conclusions générales seront la dé-
» monstration certaine que le mode, pour s'assurer du
» pouvoir nutritif des graminées, en constatant la quantité
» de matière soluble dans l'eau qu'elles contiennent, *est*
» *suffisamment exact pour tous les besoins de l'Agri-*
» *culture* (1). »

Un autre expérimentateur, à qui l'on doit aussi de très-nombreuses et très-précieuses recherches, sur les plantes employées, tant comme fourrages que comme litières, mais qui usait, il est vrai, de procédés un peu plus compliqués, a également écrit : « J'ai cherché surtout à m'as-
» surer de la quantité d'eau que contenait chaque plante
» à l'état vert, et combien de substance on pourrait en
» extraire au moyen de l'eau, de l'alcool et de la lessive
» alcaline caustique, lorsque les plantes ont été préala-
» blement séchées et pulvérisées ; étant convaincu que de
» cette manière, et en examinant la quantité de fibre végé-
» tale qui s'y trouve, *on peut juger avec une exactitude*
» *suffisante de leur valeur nutritive* (2). »

Il paraît donc qu'il peut être possible d'arriver à la connaissance de la valeur nutritive d'un fourrage d'une manière bien facile, au moins si l'on veut se contenter de la valeur relative et déterminée par un mode de comparaison

(1) Sir Humphry Davy : *Chimie appliquée à l'agriculture,* append.
(2) M. Sprengel.

préalablement convenu. Ainsi, en ce qui touche aux fourrages formés de tiges et de feuilles, en les comparant au foin des prairies naturelles de bonne qualité, au *foin normal*.

Mais cette comparaison peut porter sur deux points bien différents, ou, ce qui est plus juste, être faite à deux époques bien distinctes de la transformation des produits végétaux dont il s'agit, en fourrages.

Effectivement, on peut, une plante fourragère étant donnée, ou une réunion de ces plantes, chercher à savoir ce que perd cette plante pour passer de l'état vert, qui est son partage quand on la cueille, à l'état sec; à l'état où elle constitue ce qu'on désigne sous le nom de foin proprement dit.

Il est évident, en effet, que plus une plante perd en poids par la dessiccation, et moins elle est nourrissante, et réciproquement; parce que ce qui constitue cette perte est l'eau, l'eau de végétation, et que l'eau ne nourrit pas.

D'où un premier et très-facile moyen d'appréciation, fondé sur la dessiccation des plantes fourragères, sur leur transformation en foin.

On peut aussi, sur la même plante, arrivée à l'état de foin, juger de sa puissance nutritive par la quantité de matière soluble que lui enlève l'eau bouillante, comme nous le verrons ci-après.

§ I. — Appréciation par la dessiccation.

Ce moyen n'est pas difficile : c'est celui que l'on répète toutes les fois que l'on fait sécher : soit l'herbe des prés naturels ; soit celle des prairies artificielles, pour les serrer et les conserver : opération dont nous n'avons pas ici

exposer la théorie, et qui constitue ce que l'on nomme
la *fenaison* (1).

Comme il est possible de répéter cette pratique, aussi
bien pour une espèce particulière que pour toutes celles
croissant dans un pré, pour une poignée, comme pour
une quantité beaucoup plus considérable : tout gît dans les
moyens employés pour arriver à une dessiccation complète
et dans la précision des pesées.

Étant donné un fourrage, du maïs par exemple, tel qu'on
le cueille dans le courant de l'été pour l'alimentation des
animaux, on en prend une certaine quantité que l'on coupe
à petits morceaux de la longueur de 1 millimètre environ ;
on pèse 100 ou 50, ou simplement 10 grammes de ces
petits morceaux, si l'on a une balance trébuchant à 1 décigramme au moins. On fait sécher (2) et on pèse de nouveau. La différence de poids représente l'eau de végétation
dégagée ; le reste est la matière solide, et l'on comprend
que, plus cette matière est relativement abondante, et plus
aussi la substance doit être nutritive.

Comme ces résultats doivent toujours être exprimés pour
les quantités de 100 en poids, si l'on n'a pas agi sur ce

---

(1) Dans la fenaison, il y a un grave inconvénient à éviter, c'est
celui que rencontre un fourrage exposé à être séché et à être mouillé
alternativement. Dans ce cas, le fourrage se trouve traité comme la
toile que l'on veut blanchir, que l'on arrose et que le soleil sèche plusieurs fois. Comme cette toile aussi il blanchit et il perd son parfum.

(2) Cette dessiccation serait une opération, sinon difficile au moins
très-assujettissante, si on voulait l'obtenir complète et ainsi que cela
se fait dans les laboratoires de chimie, par l'emploi des étuves ou du
bain-marie. Mais comme la pratique agit beaucoup plus simplement,
pour la confection du foin notamment qui est notre objet de compa-

nombre, il faut avoir recours à une règle de proportion ;
si l'on a agi sur 10 grammes, par exemple, et que la différence de poids ait été 7 gr. 5, on dira :

$$10 : 7,5 :: 100 : x$$
$$x = \frac{100 \times 7,5}{10} = 75,0.$$

En 1851, ayant eu occasion de faire des essais de ce
genre, sur plusieurs produits employés comme fourrages,
nous constatâmes les résultats suivants que nous avons
tout lieu de croire exacts :

Après dessiccation au soleil :

	ONT PERDU	ONT RETENU
100 parties chair de citrouille.	94,00	6,00
— feuilles de betteraves.	86,50	13,50
— — maïs.	75,00	25,00
— — vigne.	61,50	38,50
— ajonc.	56,50	43,50
— feuilles de Saule-Marceau. . . .	51,50	48,50
— — ormeau.	50,00	50,00
— — érable.	48,50	51,50

Pour comprendre la valeur relative de ces chiffres, il
faut savoir que l'herbe des prés, lorsqu'on la convertit en
foin, perd au plus :

---

raison, on peut en cela, l'imiter et faire sécher soit au soleil de l'été,
soit dans une chambre chauffée, sur un poêle, auprès du feu ; etc...
On sera sûr que l'opération est complète lorsque deux pesées, frites à
quelques heures de distance, accuseront les mêmes résultats. D'ailleurs, la couleur, la rigidité, etc., de la substance, font aussi connaître si elle est ou n'est pas sèche.

ur le pré et par la première dessiccation . 40)
Jans le fénil et pendant l'hiver. . . . . 30) 70 p. 100.

Ainsi et d'après ce mode d'expérimentation , toutes les ubstances ci-dessus sont inférieures au foin , comme ali-ient des herbivores ; car la perte qu'elles ont accusée en oids n'était pour elles que celle de la première dessicca-ion, et cette perte, néanmoins, dépassait, pour toutes t pour plusieurs surtout, de beaucoup 40 p. 100. On voit ussi dans quel ordre chacune peut être placée, comme uccédané du foin. C'est l'ordre contraire à celui dans le-uel nous les avons inscrites.

§ II. — Appréciation par l'eau bouillante.

Ici , et le procédé une fois admis en principe, nous vons longtemps cherché un moyen simple, facile et rompt d'en faire usage. Toutes ces recherches , nous evons le dire, ont fini par nous convaincre , que ce qu'il avait de mieux, c'était, en dernière analyse , l'ébulition ans l'eau de la matière à expérimenter, en observant les onditions et les soins que nous allons signaler.
Pour agir sur des herbes entières , complètement sèches omme celles qui forment le foin, la paille, etc...., on en rend une certaine quantité, on les frappe avec un mar-:au, de manière, non à les rompre et à les briser, mais les écraser le plus complètement possible, à en disjoindre tissu ; après cela, et comme ci-dessus, au moyen de iscaux, ou de toute autre façon, on les coupe encore n morceaux de 1 millimètre de longueur environ. On èse 10 grammes de ces fragments , et, avec un lambeau

de toile claire mais forte , on en fait un nouet (1) , dans lequel on met aussi un caillou du poids de 25 à 40 gr. (2); enfin , le tout est placé dans une casserole de fer , d'un litre de capacité au moins , ou autre vase analogue , remplie d'eau de pluie (3) , et posée sur le feu.

On fait bouillir, et de temps en temps, avec une spatule ou une cuiller, on presse le nouet afin que l'eau s'y renouvelle. On ajoute aussi à cette eau, à mesure que l'évaporation la réduit trop sensiblement, et de manière à pouvoir maintenir cette ébulition pendant une heure et demie ou deux heures environ. L'eau que l'on ajoute doit être aussi chaude que possible.

Au surplus , on pourra avoir la certitude que l'on a bien opéré , que l'on a épuisé le fourrage de toute sa matière soluble, en s'assurant que l'eau ne peut plus être teinte par cette matière. Pour cela , après avoir lavé le nouet et l'avoir étreint à plusieurs reprises , dans une grande quantité d'eau pure et quelle que soit d'ailleurs l'origine de ceux-ci , on le remet dans la casserole avec de nouvelle eau de pluie et l'on fait encore bouillir. Il est clair que si cette dernière eau reste incolore , c'est qu'il n'y avait plus rien à dissoudre et que l'opération était terminée.

---

(1) Si l'on mettait directement dans l'eau tous ces fragments, on aurait ensuite les plus grandes difficultés pour les rassembler de nouveau , les faire sécher et les peser.

(2) Ce caillou a pour but de faire qu'au lieu de surnager, le nouet plonge au contraire au fond du vase , et se trouve constamment submergé.

(3) Nous conseillons l'eau de pluie qui est la plus pure de toutes après l'eau distillée, et la plus facile à se procurer.

Mais on peut faire mieux encore et suivre un procédé qui a le double avantage de permettre à la fois deux ou plusieurs essais, et de donner toujours des résultats comparatifs d'une grande valeur.

Ainsi nous prenons, comme type de comparaison, le bon foin, le foin normal, nous le préparons et en faisons un nouet de 10 grammes, comme il est dit ci-dessus. Nous agissons de même à l'égard d'une autre fourrage quelconque que nous voulons lui comparer, par rapport au pouvoir nutritif, la paille de seigle par exemple. Ces deux nouets sont mis dans une même casserole, mais assez grande cependant pour que l'eau en ébulition puisse agir complétement sur les deux.

Il est clair que l'action éprouvée par la paille sera absolument la même que celle éprouvée par le foin ; et dèslors, traités de la même manière dans la suite de l'opération, ces deux fourrages seront parfaitement comparables et l'on pourra avoir toute confiance dans les rapports relatifs qu'ils accuseront.

Si donc, comme on le verra ci-après, le foin accuse une perte de 25 et la paille une de 17 seulement, le pouvoir nutritif et comparatif de ces deux fourrages sera sur cent :

Pour le foin. 25
Pour la paille de seigle. 17

Si l'on veut faire usage de ces deux fourrages et en obtenir le même résultat nutritif, il faudra nécessairement donner du second une plus grande quantité que du premier. Ainsi, dans le cas où 100 kilog. de foin suffiraient, il en faudra 147 en paille de seigle, sans compter les autres considérations prises dans la composition des deux produits, dans leurs rapports avec la digestion, etc.

Après une ébulition d'une heure et demie à deux heures, comme nous avons dit ci-dessus, l'eau a pris une teinte d'autant plus foncée que la matière essayée contenait plus de parties solubles et colorantes. Quand on agit séparément sur une seule espèce de fourrage, cette teinte peut aussi varier en couleur : ainsi, pour le foin, par exemple, elle est brune, tandis que pour la paille, elle est jaunâtre.

Disons encore qu'après refroidissement, on retire le nouet, on le lave bien en le plongeant dans un seau d'eau, l'étreignant successivement et jusqu'à ce qu'il ne colore plus cette eau. On l'ouvre, on le fait sécher, on pèse ce qu'il contenait, moins le caillou, et la différence de la seconde pesée avec la première, indique la proportion de matière soluble ou nutritive contenue.

Voici les résultats de quelques essais que nous avons faits, en agissant ainsi :

Richesse nutritive du foin ordinaire.	25	
—	de la feuille d'ormeau.	25
—	de la paille de riz. . .	20
—	de la paille de seigle. .	17

p. 100.

ARTICLE II

Manière d'apprécier la valeur nutritive des fourrages formés de racines, tubercules ou fruits.

Dans les racines et tubercules : betterave, carotte, pomme de terre, topinambour, etc., de même que dans les fruits, la matière non assimilable, non nutritive, ligneuse ou cellulose, se trouve relativement en quantité bien moins considérable que dans les tiges et les feuilles. Ce qui domine, c'est le parenchyme, la pulpe, etc.

D'un autre côté aussi, dans ces sortes de produits l'eau de végétation abonde.

D'où il suit, que tout ce qui est véritablement matière solide, tout ce qui reste après une dessiccation complète, peut être regardé à-peu-près comme constituant la partie nutritive des racines, tubercules ou fruits.

Lors donc qu'il s'agit d'opérer sur de semblables matières, voici comment on agit :

On coupe en tranches extrêmement minces la racine, le tubercule ou le fruit ; ou mieux encore, on les râpe. On pèse une certaine quantité de ces tranches ou de cette matière râpée, soit 10 grammes, si l'on a une balance trébuchant à 1 décigramme au moins. On fait sécher, par les moyens déjà indiqués, jusqu'à ce que la matière ne perde plus de son poids, jusqu'à ce qu'elle soit devenue roide et cassante. La différence de poids qu'elle accuse, réduite à cet état, représente l'eau de végétation qu'elle contenait, le reste représente la matière nutritive, à peu de chose près.

Voici des chiffres qui feront connaître d'une manière générale, quelle est la valeur nutritive des racines, tubercules et fruits employés comme fourrages : valeur appréciée par la méthode qui vient d'être décrite (1) :

---

(1) Sur ces résultats, trois sont le produit de nos propres expériences : le premier, le troisième et le sixième ; les autres sont empruntés à M. Boussingault.

Une circonstance bien remarquable et qui prouve la valeur que

	APRÈS DESSICCATION COMPLÈTE	
	Ont perdu,	Ont retenu,
100 parties pommes de terre.	73,90	26,10
— topinambours.	79,90	20,10
— carottes.	85,00	15,00
— betteraves.	87,80	12,20
— navets.	92,20	7,80
— citrouille.	94,00	6,00

ARTICLE III

*Manière d'apprécier la valeur nutritive des fourrages formés
de graines.*

Les animaux de nos étables font usage de plusieurs
espèces de graines pour leur alimentation, surtout de
celles du maïs, de l'avoine, des fèves, etc..... Ils les consomment crues, entières ou concassées, ou réduites en
farine.

Quel que soit, du reste, ce mode de consommation, la

---

peut avoir le moyen d'appréciation ci-dessus, c'est que le rang assigné aux substances contenues dans notre tableau est, à très-peu
de chose près, le même que celui résultant de leur essai par l'azote
contenu.

C'est qu'il a plus de rapport encore avec celui résultant de la pratique. Ainsi, le foin valant 100 , voici la quantité nécessaire de chacune des substances signalées pour tenir lieu de ce foin :

Pommes de terre. . . .	200	Betteraves.	597
Topinambours.	205	Navets.	607
Carottes.	319		

composition des produits dont il s'agit est assez fixe pour
qu'il soit possible, dans l'appréciation qui nous occupe,
de s'en tenir à quelques signes extérieurs, afin de juger
d'une valeur à-peu-près constante, toutes les fois cependant que ces produits sont bien venus, ont bien mûri, et
ont été conservés avec soin.

Voici d'abord quelle est la composition générale du
maïs, de l'avoine et des fèves, quant à ce qui touche aux
substances principales et vraiment alimentaires renfermées
dans ces graines :

	Maïs.	Avoine.	Fèves.
Amidon ou fécule.	0,289	0,425	0,465
Gluten.	0,358	0,040	0,127
Matière saccharine et mucilage.	0,098	0,014	0,090
Écale, *humidité*, etc.	0,255	0,521	0,310
	1,000	1,000	1,000

Sans doute, il serait possible d'apprécier d'une manière
précise la valeur de ces graines : soit par l'amidon ou la
fécule qu'elles peuvent contenir, soit et mieux encore, par
leur proportion variable de gluten. Mais, dans la pratique,
on ne s'astreint pas à de tels moyens, et ce qui décide ordinairement de leur degré de bonté, c'est le poids d'abord,
puis les signes qui révèlent à l'œil qu'ils ont bien mûri,
qu'ils sont sains, qu'ils n'ont éprouvé aucune altération.

En moyenne, voici quel est le poids ordinaire d'un
hectolitre de :

Maïs d'Automne.	75 kilogrammes.
Avoine *id*	44
Fèves *id*	88

ARTICLE IV

De l'emploi des fourrages, comme conséquence des principes jusqu'ici exposés.

En terminant ce petit traité, nous pourrions en signaler quelques applications ; mais pour cela il faudrait qu'il existât déjà des données certaines, sur les quantités d'aliments que réclament les animaux de nos étables, selon leur espèce, leur âge, l'emploi que nous en faisons, etc.

Or, ces données sont rares, et même à la rigueur on peut dire qu'elles n'existent pas. On peut dire qu'il n'existe encore aucun signe, aucune indication précise, pouvant, un animal étant donné dans des conditions déterminées, décider du poids de nourriture à lui administrer pour son alimentation quotidienne, comme simple entretien, ou comme devant fournir à un travail plus ou moins pénible, à une lactation, à un engraissement, etc.

« On a cherché, dit M. F. Villeroy, à établir une proportion entre le poids de la bête et la quantité d'aliments qui lui sont nécessaires. On a admis qu'il faut, pour la ration d'entretien, 1 50 à 1 75 pour cent du poids de la bête vivante ; pour la ration de production, 2 50 à 3 : la ration étant toujours supposée de bon foin ou l'équivalent. Mais ces principes théoriques ne me semblent pouvoir être que de peu d'utilité dans la pratique. Quand on pourrait apprécier rigoureusement la faculté nutritive des aliments, le besoin d'une plus ou moins grande quantité de nourriture varie suivant la race, le tempérament, l'âge, etc. (1). »

______

(1) *Manuel de l'éleveur de bêtes à cornes.*

Ici donc encore, on voit qu'il pourrait être dangereux de se livrer trop exclusivement à une rigoureuse théorie; laquelle du reste, comme nous le ferons remarquer ci-après, pourrait donner lieu aux plus grands écarts. On voit, et en agriculture surtout on ne saurait trop y faire attention, on voit combien peut avoir de valeur la tradition, tant générale que locale, ce que Virgile appelle :

Des anciens laboureurs l'usage héréditaire.

Examinons du reste, l'emploi que nous pourrions faire nous-même, et avec toute la réserve que comportent de pareils sujets, des données fournies par notre manière de procéder.

Le bœuf de travail est soumis, dans nos étables, à ce que Mathieu de Dombasle appelle une *ration d'entretien*, comme il désigne sous le nom de *ration de production*, celle beaucoup plus abondante donnée par exemple à l'animal à l'engrais.

Pendant l'hiver, le bœuf fait deux repas par jour; pendant la belle saison, où les travaux sont plus fréquents et plus pénibles, il en fait trois.

Pour avoir l'indication du poids de nourriture à lui donner à chacun de ces repas, on a eu recours au poids total de l'animal, et les agronomes paraissent d'accord sur le chiffre de 3 1/2 p. 100 de ce poids.

Ainsi, un bœuf pesant en moyenne 400 kilog., obtiendra 1 kil. 1/2 de foin normal ou son équivalent par chaque 100 kil., ce qui portera sa ration à 6 kil. En tout 12 kil. en hiver et 18 kil. en été.

La portion de matière soluble dans l'eau bouillante, des

quatre sortes de fourrages que nous avons expérimentés, on l'a vu à l'article 1ᵉʳ ci-dessus, est de 25 p. 100 pour le foin et les feuilles d'ormeau, 20 p. 100 pour la paille de riz, 17 p. 100 pour la paille de seigle. Ces chiffres, nous les appelerons des *unités nutritives :* on nous permettra cette initiative pour la clarté des détails qui vont suivre.

Or, voici par quelle quantité de matière l'unité nutritive se trouve représentée dans chacune des espèces expérimentées :

                Dans le foin normal, par. . . .   4ᵏ 00.
                Dans la feuille d'ormeau, par. .   4 00.
                Dans la paille de riz, par. . .   5 00.
                Dans la paille de seigle, par. .   5 90.

D'où il suit que, pour tenir lieu de 100 parties de foin normal, dans l'alimentation du bétail, il faut :

                En feuilles d'ormeau. . . . .   100ᵏ 00.
                En paille de riz. . . . . . .   125 00.
                En paille de seigle. . . . .   147 50.

Ou autrement et d'une manière plus pratique, là où nous donnons à un bœuf, pour une ration, 6 kilog. foin normal (1), nous pouvons remplacer ce foin également par :

                6ᵏ 00 de feuilles d'ormeau.
                7 50 de paille de riz
                8 85 de paille de seigle.

____

(1) Six kilogrammes c'est douze livres, et douze livres c'est le poids de la botte de foin; c'est-à-dire de la quantité de ce même foin rigoureusement exigée pour le repas d'un bœuf. Or, il y a ici un exemple

On sait que des tables analogues et tout-à-fait complè-
es, ont été dressées par M. Boussingault, en prenant pour
base d'appréciation la quantité d'azote contenue dans chaque espèce de fourrage expérimenté (1).

Or, il résulte de ce mode d'appréciation que, pour remplacer 100 kil. de foin, il faut par exemple 250 kil. de
paille de seigle. Mais il n'est pas le seul, et nous savons
que s'il est des auteurs qui ont porté ces derniers chiffres
jusqu'à 600 kil. et au-delà, il en est d'autres aussi, comme
Block, qui les ont fixés à 200 kil.; comme Flottow, à
175 kil.; comme Meyer, à 150 kil.

Encore une fois, les indications de la théorie, les
moyens de recherche dont elle dispose, peuvent être d'un
grand secours; mais il faut faire grand cas aussi de ceux
acquis par la pratique; par une observation d'autant mieux
faite qu'elle a toujours été intéressée.

Ce n'est donc qu'en les subordonnant à ces dernières,
que nous présentons nous-même celles qui peuvent résulter d'une manière de procéder d'ailleurs très-facile, et
de laquelle du reste nous ne sommes pas l'inventeur.

Quant aux fourrages formés de tubercules et racines,
nous ferons observer que le tableau de M. Boussingault,
ci-dessus relaté, et basé, nous l'avons dit aussi, sur la
dose d'azote contenue, les classe justement dans le même
ordre décroissant que celui que nous leur avons assigné
dans notre article II.

---

de plus de l'esprit d'observation des cultivateurs, du parti qu'ils avaient
su en tirer dans les usages auxquels ils s'étaient assujettis; dans le
poids donné à la botte de foin.

(1) *Économie rurale*, t. II, p. 258.

Ainsi, dans ce tableau, pour tenir lieu de 100 de foin, il faut : 319 de pommes de terre ; 348 de topinambours ; 382 de carottes ; 548 de betteraves ; 885 de navets.

Enfin, ce serait sur la fécule contenue que se réglerait la valeur des graines employées comme fourrage.

Ainsi au premier rang les fèves : 23 de ces graines tiennent lieu de 100 de foin et elles contiennent 46 de fécule. Au second l'avoine, 64 tiennent lieu de 100 de foin et elles contiennent 42 de fécule. Au troisième le maïs, 70 tiennent lieu de 100 de foin et il contient 28 de fécule.

Une fois encore et ce sera la dernière, que l'on fasse bien attention qu'en tout cela il ne s'agit que de simples indications : indications précieuses sans doute quand elles éclairent et justifient la pratique, mais auxquelles, dans bien des cas, il pourrait être dangereux de se fier isolément, d'une manière trop absolue et trop complète.

THÉORIE

DE L'IRRIGATION

SOUS LE CLIMAT DE LA GIRONDE (1)

« Dieu ayant ordonné l'humidité et la
« chaleur pour principales causes de la
« génération. »

(Olivier de Serres.)

Deux causes sont essentiellement déterminantes de la
végétation : la chaleur et l'humidité, ou, si l'on veut, le
feu et l'eau.

En règle générale, la nature satisfait au besoin indispensable qu'ont les plantes de ce double concours.

Pour le premier, par la chaleur, le calorique, dont le
soleil est la source, et qu'elle répand dans l'air suivant
les lieux, les saisons, les expositions, etc.

---

(1) Le climat de la Gironde ou girondin est un des cinq grands
climats dans lesquels M. Ch. Martins répartit la France (*Patria*, 176).
Par rapport à la distribution des pluies sur les saisons de l'année,
ce climat est un de ceux qui peuvent tirer grand avantage des irrigations, ces pluies y étant, comme nous le verrons, particulièrement rares au printemps et à l'été, et la chaleur y croissant par
conséquent en raison de cette rareté.

Le thermomètre (de deux mots grecs : mesure de la chaleur) est l'instrument de physique destiné à l'appréciation de la quantité de chaleur.

Pour le second, elle a deux moyens : la pluie et la rosée.

On sait ce que c'est que la pluie et l'on connait le pluviomètre (mesure de la pluie) instrument employé pour juger de la quantité d'eau tombée dans un lieu ou dans un temps déterminés.

Quand à la rosée, c'est aussi un phénomène météorologique dont le but et d'assurer de l'eau à la terre, surtout sous les latitudes où les pluies sont rares, où la végétation ne peut compter sur ce secours. « La quantité d'humidité que l'atmosphère peut renfermer, est d'autant plus grande que la température est plus élevée. Aussi dans les pays très-chauds, la rosée se produit avec assez d'abondance pour favoriser la végétation, en suppléant la pluie pendant une grande partie de l'année. Je n'ai jamais eu l'occasion de voir une rosée aussi abondante que celle qui se produit quelques fois dans les steppes de San Martin, à l'est des cordilières orientales des Andes (Amérique), à une très-grande distance de la mer. Son abondance était telle que, pendant plusieurs nuits, il me fut impossible d'employer un horizon artificiel en verre noir, pour prendre des hauteurs méridiennes d'étoiles, à l'instant même où l'appareil était en présence du ciel, il se déposait une si grande quantité d'eau à la surface du verre qu'elle ruisselait de tous côtés (1). »

Tant qu'il y a harmonie entre la chaleur et l'humidité,

____

(1) M. Boussingault : *Économie rurale*, t. II, p 688.

la végétation continue, en subissant toutefois les modifi-
cations que lui imposent leurs rapports réciproques, selon
les saisons, les temps et les lieux.

Au contraire, s'il arrive que l'une de ces causes l'emporte trop sur l'autre ; que l'harmonie soit ainsi détruite,
la végétation s'arrête.

Si l'excès est du côté de la chaleur, la plante peut se
flétrir, se dessécher, se griller enfin.

Si l'excès est du côté de l'humidité, elle peut languir,
s'étioler, se pourrir.

Toutefois, avant d'arriver à ces extrêmes, cette même
plante a la faculté de suspendre momentanément sa végétation ; de laisser passer l'excés ou le défaut qui lui nuisent ; d'attendre plus ou moins longtemps le retour de
l'équilibre dont elle a besoin.

C'est ainsi du reste, comme nous le verrons bientôt avec
plus de détails, que les choses se passent dans nos climats
tempérés, à deux époques de l'année : à l'hiver et à l'été.

L'hiver, le repos de la plante est une nécessité que nous
n'avons nul intérêt de faire cesser ; non plus que nul moyen pour cela, au moins en grand et dans les conditions
économiques de la culture proprement dite.

L'été, ce même repos est encore opportun pour le plus
grand nombre des végétaux que nous cultivons ; pour ceux
qui doivent nous donner des graines ou des fruits, pour
la vigne particulièrement.

Il est vrai qu'alors nous voyons souffrir ceux que nous
cultivons pour leurs tiges et leurs feuilles : nos plantes
fourragères, nos prairies.

Il est vrai ausssi que, pour ceux-là, nous pouvons dans
certains cas et jusqu'à un certain point, porter remède à

leur souffrance, suppléer à ce qui leur manque, rétablir l'équilibre entre les deux causes qui doivent les favoriser, et cela en leur fournissant de l'eau, en les arrosant, en les irrigant.

Il est vrai enfin qu'alors ce concours, de notre part, peut être d'autant plus décisif, que nous nous trouvons plus en mesure d'équilibrer l'action de la chaleur avec celle de l'humidité ;

Que nous pouvons, à beaucoup de chaleur, associer beaucoup d'eau ;

Que nous pouvons ainsi créer pour ces plantes, un climat artificiel et essentiellement favorable à leur développement. Le climat des pays intertropicaux ; des pays où l'excès de chaleur et l'excès d'humidité donnent lieu à une végétation inconnue dans nos contrées tempérées ; à la végétation des tropiques, tant admirée par les voyageurs.

Ces grands résultats, il est vrai, nous ne pouvons pas nous les proposer comme but constant de nos travaux d'irrigation, bien qu'on ait vu, sous ce rapport, des faits extrêmement remarquables.

Ce que nous pouvons faire, par ce moyen, ce que nous cherchons à faire, c'est d'épargner à nos herbes fourragères le temps d'arrêt que les chaleurs de l'été imposeraient nécessairement à leur végétation ; c'est d'assurer leur croissance en été, comme elle a lieu au printemps et à l'automne.

Or, la saison du printemps est la saison de la végétation herbacée, de la végétation qui fait pousser des tiges et des feuilles, de la végétation fourragère. Nous coupons nos foins dès les premiers jours de juin.

Le rapport dans lequel se trouvent en mars, avril et

mai, sous notre climat, la chaleur et l'humidité, sont tels qu'une grande et forte impulsion est donnée aux plantes sous tous ces rapports.

Non-seulement aux plantes annuelles, qui sortent alors de leurs graines et constituent leurs individus ; mais aussi aux plantes bis-annuelles et vivaces, dont les racines existaient déjà ; aux plantes ligneuses qui ne fournissent durant cette saison que des pousses tendres et herbacées : conséquence de la grande abondance de la sève, de sa fluidité et de la rareté relative de ses éléments constitutifs.

Au contraire, à l'été, cette sève, beaucoup moins abondamment fournie par la terre, beaucoup plus élaborée par l'évaporation des feuilles, doit fournir à la floraison, à la fécondation des fleurs, à la formation des graines et des fruits.

C'est sous cette influence que grainent et mûrissent nos céréales ; que nos arbres fruitiers, nos vignes surtout, conduisent à élaboration complète leurs précieux produits.

S'il arrive que la nature de la terre, sa situation ou tout autre circonstance viennent ajouter aux dispositions du climat et de la saison, alors il peut se faire que la grande prédominance de la chaleur sur l'humidité arrête complètement la végétation.

C'est ce que l'on voit dans d'autres contrées intertropicales, où peuvent manquer les bienfaits des rosées nocturnes. C'est ce que l'on voit bien souvent chez nous, aux jours caniculaires, alors que ces mêmes prairies, naguère fraiches et vertes, se flétrissent, jaunissent et n'offrent plus aucune végétation apparente.

Sous ce rapport, nos landes nous fournissent un exemple remarquable.

Le sable siliceux qui les constitue exclusivement, fait que durant nos étés elles se dessèchent et s'échauffent tellement que la végétation herbacée, à part quelques exceptions locales, s'y trouve ordinairement suspendue (1).

Voilà pourquoi, entr'autres raisons, le seigle y est préféré au froment : il a l'avantage de mûrir quinze jours plus tôt, c'est-à-dire avant les grandes chaleurs suspensives de la végétation. Ordinairement cette céréale est coupée à la Saint-Jean, le 24 juin ; or, c'est le moment justement que le proverbe assigne à ces chaleurs quand il cite, comme également préjudiciables sous notre climat :

Des chaleurs avant la Saint-Jean,
Des froids avant la Noël.

On comprend donc qu'il est certaines contrées pour lesquelles l'irrigation peut être d'un grand secours ; puisque, par ce moyen, elles peuvent faire tourner à leur avantage

---

(1) Placées au contraire sous un climat naturellement humide, des terres analogues offrent un grand avantage : celui de contrebalancer l'excès de cette humidité. Voilà ce qui explique le parti qu'il a été possible, en Belgique, de tirer des landes de la Campine; la grande fertilité des terres crayeuses de l'Angleterre, tandis qu'en France, sous un autre climat, ces mêmes terres sont souvent des plus médiocres, témoin celles de la Champagne dite pouilleuse : terres, dit le proverbe local, *qui valent six francs l'arpent... pourvu qu'il y ait un lièvre dessus.*

Voilà ce qui explique aussi, dans une étendue restreinte, dans la Gironde, la différence des produits, selon les années, de localité à localité. Tout récemment, en 1866, le seigle de ces mêmes landes a très-bien réussi, grâce aux pluies d'hiver et de printemps; tandis que, et par les mêmes causes, les froments en terres plus argileuses et plus fortes, n'ont donné que médiocrement.

ce qui serait autrement, ce qui est trop habituellement pour elles un grave inconvénient.

Ajoutons aussi qu'en général et par une heureuse compensation de la nature, ces mêmes contrées sont aussi généralement celles qui se prêtent le mieux à ce genre d'application, qui y sont les mieux disposées.

«Il existe une région ou zone à laquelle l'irrigation est particulièrement favorable, par le maintien d'une température douce et par l'absence habituelle de pluies estivales. Dans notre hémisphère cette zone se trouve située entre le 47ᵉ et le 25ᵉ degré de latitude, où elle occupe par conséquent une largeur de 550 lieues, comprenant au nord, le centre de la France et le midi de l'Allemagne ; au sud, la Basse-Egypte ; le nord de l'Arabie et le midi de la Chine (1). »

En France, c'est l'Est le Sud et partie du centre qui peuvent plus particulièrement faire usage des irrigations, au moins qui peuvent plus habituellement se bien trouver de ce genre d'opération, quand les autres circonstances locales les leur rendent possibles.

Justement ces portions du territoire se trouvent former la zone, la bande séparative ou de transition du climat dit du Nord avec celui dit du Midi.

Elles forment, pour la France, l'espace sur lequel il peut y avoir lutte entre ces deux climats, qui sont des climats francs, chacun vers leur région à 40 ou 50 myriamètres de la ligne séparative ; mais qui, sur ces points, se heurtent souvent et tendent à empiéter l'un sur l'autre.

De là, l'incertitude de nos printemps et les conséquences si souvent regrettables de ces incertitudes.

---

(1) *Traité théorique et pratique des irrigations*, t. 1, p. 6.

De là, la rigueur de nos étés, si fréquemment poussée à l'extrême par la disette des pluies, par la sécheresse.

Comme conséquences agricoles de tous ces phénomènes, nous devons citer les circonstances suivantes, qui sont en même temps caractéristiques de notre système d'exploitation :

Incertitude dans les produits. Variations considérables tant dans les quantités que dans les qualités ;

Défaut d'assolements réguliers ;

Manquement fréquent de fourrages ;

Prédominance de plus en plus grande, à mesure qu'on s'avance vers le Midi, des cultures arbustives, généralité de celle de la vigne ;

Assujettissement au métayage ; c'est-à-dire au système qui dégage la responsabilité des contractants, propriétaire et travailleur, en les assujettissant également aux bonnes ou mauvaises chances qui peuvent se présenter (1).

Ici nous pourrions nous arrêter un moment sur un des phénomènes les plus importants, par rapport à la culture, du climat du Midi : sur la sécheresse. Nous pourrions l'examiner, tant au point de vue de l'histoire générale des pays méridionaux, qu'au point de vue de l'histoire de notre localité, de celle même de notre ville ; mais cela nous mènerait trop loin, et nous préférons renvoyer à un travail d'une autre nature et où ils seront mieux placés, les détails qu'il nous a été possible de réunir sur cet objet.

---

(1) Ce qui prouve effectivement que la raison du métayage est, avant tout, dans l'incertitude du climat et par suite dans l'incertitude du produit, c'est que ce genre d'exploitation diminue à mesure que l'agriculture fait des progrès. Or, les progrès réels en cette partie ne consistent pas seulement dans l'augmentation des produits en quantité et en qualité, mais aussi et beaucoup dans la régularité de plus en plus grande de ces produits.

Continuant donc notre sujet principal, nous dirons que l'on se tromperait fort, si l'on jugeait d'un climat, au point de vue qui nous occupe, par la totalité de pluie annuelle qu'il reçoit. Ici encore, il faut bien faire attention que ce qui détermine avant tout l'action bienfaisante de ce météore, c'est la manière dont il est réglé ; c'est, pour chaque localité déterminée, la répartition par saison des pluies qu'elle reçoit; c'est la relation de ces pluies avec les températures qui lui sont propres.

Voilà pourquoi encore les livres saints, rappelant les promesses de Dieu, mentionnent notamment celle-ci : « Alors je donnerai la pluie, telle qu'il faut à votre pays » *dans sa saison*, la pluie de la première et de la seconde » saison, et tu recueilleras ton froment, ton vin excellent » et ton huile (1).

Comme exemple des différences notables que peut amener, non la quantité, mais le mode de répartition des pluies entre deux localités, comparons Bordeaux à Lille :

	Pluie par saison	
	BORDEAUX	LILLE
Hiver.	199mil 3	137mil 8
Printemps	188 1	131 5
Été.	194 6	269 7
Automne.	249 3	210 5
	831mil 3	749mil 5

Ainsi, entre Bordeaux, situé sous un climat chaud, et Lille, situé sous un climat froid, il y a ces deux différences capitales et bien essentielles, quant à la culture :

____

(1) *Deutéronome*, Ch. XI, v. 14.

1° A Bordeaux, il tombe, année moyenne, 831mil 3 d'eau; à Lille, 749mil 5. Différence en plus pour Bordeaux, 81mil 8.

2° A Bordeaux, il tombe pendant l'été 194mil 6 d'eau; à Lille 269mil 7. Différence en plus pour Lille, 75mil 1.

Mais une autre démonstration bien importante encore, c'est celle qui peut résulter de la comparaison, dans les deux localités dont nous nous occupons, de l'eau accordée à la terre par la pluie, et de l'eau enlevée à cette même terre par l'évaporation. Choisissons pour cette démonstration l'année 1860-61. Cette année fut une année sèche, car elle resta, dans la Gironde, pour l'humidité, de 114mil 6 au-dessous de la moyenne.

Pendant les trois mois d'été : juin, juillet, août, on eut

> à Bordeaux. . . 178mil 7 d'eau.
> à Lille 225   8   »

On constata :

> à Bordeaux. . . 417mil 0 d'eau évaporée.
> à Lille 407   7   »   »

Ce qui établit un défaut d'eau de pluie :

> à Bordeanx, de. 238mil 3
> à Lille, de. . . 181   9

Enfin, voici une dernière et non moins importante démonstration de l'utilité des irrigations, durant nos étés, pour prévenir l'interruption de la production fourragère. Elle résulte de la comparaison de nos températures mensuelles ou de la chaleur moyenne de chaque mois, avec l'humidité également moyenne de ces mêmes mois.

Mais comme la manière d'exprimer l'humidité et celle d'exprimer la chaleur ne sont pas les mêmes, que l'une se sert de millimètres et l'autre de degrés, nous avons, par un calcul facile (1), converti en millièmes et les millimètres et les degrés. Ainsi, la quantité d'eau qui tombe en moyenne, chaque année, sur le sol de la Gironde, étant mille, et la quantité de chaleur qu'y envoie le soleil, également chaque année, étant encore mille, rien n'est plus facile que de comparer les rapports mensuels de ces deux agents de la végétation.

		Humidité.	Chaleur.	Excès d'humidité	Excès de chaleur
		millièmes	millièmes	millièmes	millièmes
Hiver	Décembre.	87	37	50	
	Janvier...	87	32	25	
	Février...	66	40	26	
Printemps	Mars.....	66	56	10	
	Avril....	77	80		3
	Mai.....	83	98		15
Été	Juin.....	95	116		21
	Juillet....	72	140		68
	Août.....	67	140		73
Automne	Septembre	79	116		37
	Octobre...	107	89	18	
	Novembre.	114	56	58	

(1) Ce calcul consiste à représenter par mille :

1° Le chiffre du total de l'humidité moyenne annuelle dans la Gironde, c'est-à-dire 831^{mill} 3 ;

2° Le chiffre du total de la chaleur moyenne annuelle dans la Gironde, c'est-à-dire 4990°

Le tout, bien entendu, en nombres ronds et sans tenir compte des fractions, de peu d'importance d'ailleurs en cette occasion.

Ainsi, en décembre, janvier février et mars, l'humidité l'emportant sur la chaleur, assez même pour arrêter toute végétation durant ces deux premiers mois, l'irrigation est inutile.

En avril, mai, juin, juillet, août et septembre, au contraire, c'est la chaleur qui l'emporte, aussi est-ce le temps de l'irrigation.

Enfin, en octobre et novembre, l'humidité redevenant dominante, il n'est plus besoin d'irriguer.

Faisons remarquer d'ailleurs que c'est en se fondant, tant sur la répartition des pluies par saisons, que sur les rapports de ces pluies avec les températures mensuelles, que M. de Gasparin a établi ses régions agricoles de l'Europe (1).

Sans nous engager nous-même dans ce vaste sujet que nous n'avons pas non plus à traiter ici, justifions seulement ce que nous avons dit ci-dessus, par rapport aux facilités que prête la nature aux irrigations, dans les contrées où le climat les rend, sinon indispensables, au moins très-avantageuses.

Ces contrées sont de plus en plus celles que l'on rencontre, en partant des zones tempérées et s'avançant vers l'équateur. En laissant derrière soi les pays où la chaleur et l'humidité sont plus équilibrées ; où cette humidité, fournie par la nature, assure des récoltes fourragères abondantes, en un mot les pays de pâturages. En s'avançant vers les pays à climats excessifs, aussi bien pour les pluies souvent très-préjudiciables à la culture, que pour la chaleur et la sécheresse.

---

(1) *Cours d'Agriculture*, t. Ier, p. 256, etc...

On sait d'ailleurs et cette remarque est bien digne d'être signalée, que, par besoin et par goût, les habitants des contrées septentrionales recherchent davantage la nourriture animale : la viande, le lait, le beurre ; ce qu'ils produisent avec facilité ; tandis au contraire que ceux des contrées méridionales se montrent beaucoup plus sobres : selon les lieux, le pain, le maïs, le riz, font la base de leur alimentation.

Dans la zone tempérée de l'hémisphère septentrional, celle que nous habitons, l'irrigation, nous l'avons déjà dit, est particulièrement avantageuse du 47ᵉ au 25ᵉ degré de latitude ; sur une étendue d'environ 500 lieues.

Elle y est favorisée par des circonstances naturelles d'un ordre tout particulier ; par de hautes montagnes qui s'élèvent de ses vastes plaines et dont le sommet se couronne de neiges perpétuelles.

L'accumulation et la conservation de ces neiges, au milieu de contrées souvent éprouvées par la chaleur et la sécheresse sont effectivement des phénomènes providentiels de la plus grande importance. Par ce moyen la nature crée et entretient d'immenses réservoirs dans lesquels elle puise ensuite pour maintenir les cours d'eau que l'été mettrait à sec ; pour rafraîchir les températures qui pourraient devenir excessives ; pour entretenir la fertilité des terres qui pourrait s'arrêter.

La physique a dès-longtemps démontré que la température moyenne d'un lieu déterminé décroît sensiblement à mesure que, d'un point de ce lieu on s'élève directement vers le ciel. Elle a évalué cette décroissance à un degré centigrade, par chaque 180 mètres d'élévation.

Deux causes déterminent cette diminution successive

qui varie d'ailleurs avec les climats, les saisons et les heures de la journée : un rayonnement plus actif, la moindre capacité pour la chaleur de l'air raréfié.

La végétation des montagnes, par son changement successif, bien plus rapide et bien plus apparente au Nord qu'au Midi, est une démonstration de ces phénomènes (1).

Pour nous, ce sont les Pyrénées qui assurent à nos contrées, à tout le pays qu'elles dominent sur leurs deux versants, les avantages précieux que nous venons de signaler : la possibilité d'user des irrigations.

Pour ces montagnes, situées au 43me degré de latitude Nord, la limite des neiges perpétuelles est à 2,728^m. Or, comme il est beaucoup d'entr'elles qui dépassent cette élévation, le *Vignemalle* par exemple, qui s'élève à 3,353^m, on comprend quelle immense quantité de neige se trouve ainsi mise en réserve pour les jours de l'été.

Au pied de ces montagnes, la température moyenne annuelle est + 15°,7 ; celle de l'été + 24°,0.

Dans leur régularité, dans leur admirable harmonie, ces phénomènes assurent tous les ans, au moment opportun, la fonte des neiges nécessaires à l'ensemble de nos cours d'eau, au maintien du régime des eaux de la Garonne. Dans les excès qu'ils peuvent subir, ils ajoutent encore à leur manifestation, de sorte que plus les étés sont chauds et secs, plus les rivières ont chances de tarir et plus aussi les neiges mises en réserve diminuent, plus leurs limites s'élèvent.

C'est pour garantir à tous les climats qui en ont besoin le bénéfice des neiges perpétuelles, que les montagnes se

---

(1) Kamps : *Météorologie*, p. 214.

montrent d'autant plus hautes que le pays où elles sont situées est lui-même plus chaud.

Sans cela, ce dépôt de neige ne pourrait être conservé; il ne se trouverait pas assez élevé pour échapper aux atteintes des chaleurs locales.

Comparons par exemple les Pyrénées à l'Himalaya (en langue indienne : *lieu de neige.*)

Les Pyrénées. avons nous dit, sont situées entre le 42,5 et le 43,0 degré de latitude Nord. Leur plus grande élévation est représentée par le *Vignemalle* (3,353ᵐ). Leur limite des neiges perpétuelles est 2,728ᵐ.

L'Himalaya est situé entre le 30,8 et le 31ᵉ degré de latitude Nord. Sa plus grande élévation est représentée par le Dhavalajiri (8,555ᵐ). Sa limite des neiges perpétuelles est 5,067ᵐ.

Si les Pyrénées étaient à la place de l'Himalaya, elles ne pourraient conserver un brin de neige, puisqu'au 31ᵐᵉ degré de latitude Nord, la limite de celle-ci est à 5,067ᵐ, c'est-à-dire à 1,714ᵐ au-dessus du pic le plus élevé des Pyrénées.

Si au contraire l'Himalaya était à la place des Pyrénées, ce serait sans utilité qu'il ajouterait aux neiges perpétuelles de ces montagnes 5,202ᵐ de plus, tout-à-fait dans une zone où elles ne sauraient fondre.

Telles sont les harmonies de la nature, tel est le plan sublime, tels sont les moyens puissants du Créateur de notre monde.

De la sorte on s'explique comment la Garonne, malgré un cours de 497,000 mètres au travers d'une plaine sur laquelle le soleil darde souvent ses rayons les plus ardents et les plus soutenus, ne tarit cependant jamais.

On s'explique aussi et même on devrait beaucoup mieux comprendre, comment il serait possible d'user des eaux de ce fleuve pour le bien de la végétation , pour la pratique de l'irrigation. Le canal latéral , dont l'emploi commercial , il faut le reconnaître, a beaucoup perdu depuis les chemins de fer, pourrait ainsi tourner directement au profit de l'agriculture.

On s'explique enfin les causes des inondations du fleuve, si favorables aux terres qu'elles recouvrent, qu'elles engraissent et dont elles renouvellent l'alluvion , quand elles viennent en temps opportun, en hiver ; mais également si désastreuses, si redoutables, quand elles surprennent ces terres avec leurs récoltes, qu'elles les dépouillent, les ravinent et les couvrent de cailloux.

En 1864 et comme introduction à nos leçons de l'exercice 1864-65, nous présentâmes l'historique de l'une des plus désastreuses de ces inondations, à tous ces points de vue, celle de 1770 (1). Nous nous efforçames de faire comprendre toute la majesté, toute la grandeur, toute la sublimité de ces formidables manifestations ; toutes les pertes, tous les désastres, tous les malheurs, qu'elles peuvent causer quand elles se produisent en temps inopportun.

Nous fimes remarquer le contraste qui se présente en ces sortes de cas ; alors que le même cours d'eau qui embellit, qui rafraîchit, qui fertilise une immense plaine, changeant tout-à-coup son action, n'y porte plus que le ravage et la dévastation.

C'est aspect , heureusement bien différent de celui qui

---

(1) L'*Inondation de la Garonne , de 1770*. 60 pages d'impression.

frappe habituellement le regard dans ces gracieuses contrées, qui faisait dire à un ancien poëte de la localité, rentrant dans son pays précisément au moment d'une inondation de la Garonne :

> Le débord insolent de ces rapides eaux,
> Couvrant avec orgueil le faîte des roseaux,
> Fait taire nos moulins, et sa grandeur farouche
> Ne saurait plus souffrir qu'un aviron la touche (2).

---

(2) Ce poëte, c'est Théophile de Viau, né en 1590, au château de Boussères, commune de Mazères, canton de Port-Sainte-Marie, département de Lot-et-Garonne.

FIN

TABLE DES MATIÈRES

DEUXIÈME PARTIE

Bordeaux. — Imp. de F. Degréteau et Cie.

9 782329 774053